ラジオじゃないと届かない

TBSラジオ「JUNK」統括プロデューサー

宮嵜守史

ポプラ社

ラジオじゃないと届かない

まえがき

二〇二一年三月三十日（火）。

深夜の関越自動車道。カーラジオで「爆笑問題カーボーイ」が流れていた。

この日は、残った有給休暇を消化するためお休みだった。昼過ぎまで寝て、夜に友人とコントライブを鑑賞し、「おもしろかったね〜」と感想を言いながら楽屋挨拶の列に並び、切っていたスマホの電源を入れた。母と妹と妻から無数の着信履歴と一件の留守番メッセージが残されていた。

楽屋挨拶の列が少しずつ短くなる。再生ボタンを押すと、耳に当てなくても聞こえるくらいのボリュームで取り乱した母親の声が流れた。

サーッと血の気が引いた。

友人への説明もそぞろに楽屋挨拶の列を抜け自宅に戻った。寝ていた子ども三人を寝間着のまま車に乗せ、群馬の実家へ向かう。


残された母に対するいたたまれない気持ち。

自分はこの先どうしたらよいのかという不安。

決して褒められない終わりを遂げた父への怒りと同情……。

いろんな気持ちが合体して、夜中の高速道路というシチュエーションも手伝い、ハンドルを握る手がずっと震えていた。


カーラジオから太田さんのトークが聞こえる。Eテレでやっている英会話の番組プロデューサーが太田さんに頓珍漢な贈り物をするという話。

僕は気づくと「ふふっ」と声を出して笑っていた。

二十年以上この仕事をして初めてラジオに救われた瞬間だったかもしれない。

ラジオじゃないと届かない

目次

まえがき・2

第1章 ラジオってなんなんだ？ 11

ラジオってなんなんだ？・12
とんねるずを生で見て〝ギョーカイ〟にあこがれた・14
ピュアな田舎者
深夜のお供にラジオがあった・16
ラジオを仕事にしたくなった瞬間・18
憧れの先輩 住田崇さん・20
将来、赤坂で働くことになるとは・22
ラジオを仕事にするしかなかった・24
怠惰なフリーター生活から救ってくれたラジオの仕事・26
大抜擢された同期と伝説のパーソナリティ・29
ラジオは〝素のメディア〟・31
大女優のパーソナリティ・33
坂下千里子のビューティーお先です！・35
ADの仕事で学んだこと・37

第2章 パーソナリティが教えてくれた 39

お笑いとの出会い・40
お笑いを仕事に・42
華々しいディレクターデビュー作？・44
ディレクターの仕事・48
レギュラーコーナー・49
特別企画・52
生放送のスケジュール・56
勘違いの日々・57
それでも「自分」を出したいエゴイストへ・59
編集の仕事が一番好きな理由・61
やるっきゃない精神！ 極楽とんぼ・63

対談 極楽とんぼ 加藤浩次・山本圭壱×宮嵜守史 65

やっぱり極楽とんぼは怖かった！・91
雨上がり決死隊べしゃりブリンッ！・95
優しさの奥に秘めた狂気 蛍原徹さん・98
ギャラクシー芸人 宮迫博之さん・103
ラジオ番組はいつか終わる・107
午後ワイド「ストリーム」内の中継コーナー「本屋さんへ行こう」・109

第3章

パーソナリティが育ててくれた 111

ぼそっと真理をつく おぎやはぎ・112

対談 おぎはやぎ 小木博明・矢作兼×宮嵜守史 113

対談で言い損ねた御礼・142

ナインティナイン岡村隆史さんと電話・143

浅草キッドの全国おとな電話相談室・148

小島慶子キラ☆キラ・150

ピエール瀧・ビビる大木の・おっさんニュース年録・152

初めてのプロデューサー業が・JUNKなんて重すぎた・157

手本なのに誰もマネできない・パーソナリティ 伊集院光さん・161

爆笑問題との出会い・167

本気で自然体 田中裕二さん・170

全てに向き合う 太田光さん・173

ほっとけない人 山里亮太さん・177

やっぱりカッコいい！ バナナマン・187

対談 バナナマン 設楽統・日村勇紀×宮嵜守史 189

誰も置いていかない二人・214

第4章 パーソナリティが応えてくれた 215

プロデューサーになり切れない自分・216
二人の放送作家 鈴木工務店とオークラ・219
二人の後輩ディレクター 廣重崇と越崎恭平・224
「JUNKってメンバー入れ替えないんですか？」・227
二人の笑いをわかりたい アルコ&ピース・228

対談 アルコ&ピース 平子祐希・酒井健太×宮嵜守史 231

クールでドライなのに熱狂を生む能力・255
貫いてメジャーになった ハライチ・256

対談 ハライチ 岩井勇気・澤部佑×宮嵜守史 259

汲んだり察したりする能力・285
親友 宗岡芳樹・286
理想のラジオ番組を考える・288

第5章 これまでのラジオ、これからのラジオ 291

ヒコロヒーとの出会い・292

対談 ヒコロヒー×宮嵜守史 293

もがくことが原動力!? パンサー向井慧・317

対談 パンサー向井慧×宮嵜守史 319

この二十年でラジオが変わったこと・344

「Eメール」でリスナーとの新しい関係性が生まれた・345

「radiko」の登場でスマホにラジオが入った・346

「Twitter」が距離と温度のまちまちを教えてくれた・349

「Podcast」がラジオリスナーを増やしてくれた・350

マネタイズの方法・352

この二十年でラジオが変わらなかったこと・355

もしも将来ラジオを作りたいという人がいたら・358

アフタートーク・360

対談 chelmico鈴木真海子×宮嵜守史 361

あとがき・380

ラジオって
なんなんだ？
第1章

ラジオってなんなんだ？

「結局、ラジオはパーソナリティのものなんだよ」

アルバイトＡＤ（アシスタントディレクター）時代、原稿を刷り続けるコピー機の前で顔見知りの放送作家さんが言ったこの一言が忘れられない。

確かにそうだと思うし、逆にそれだけじゃないとも思う。スポンサーもスタッフもいる。そして何よりリスナーがいる。

今でも引っかかっているこの言葉を僕は、「結局、ラジオはパーソナリティ〝次第〟なんだよ」と解釈するようになった。どんなにおもしろい企画を考えても、どんなにお金をかけても、それをリスナーに届けられるのはパーソナリティ以外にいない。

矢面に立つ面積が大きいぶん、パーソナリティにのしかかる責任と評価は大きい。では、僕のようなラジオの裏方は一体何をすべきなのか。まだ最適解にたどり着けない。

ごく少数で作られ、パーソナリティが全面的に賛も否も背負うラジオ。
世の中から見たらこぢんまりとした業界だけど、聴く人の心をしっかり摑むメディア。
他ジャンルとの優劣を比較するのではなく、ラジオ独自の個性がどこかにあるはずだ。

ラジオだったからできたこと。ラジオじゃなければ伝わらなかったこと。きっとあるはずだし、もしかしたら人それぞれに別々のそれがあるのかもしれない。
この『ラジオじゃないと届かない』では、エッセイと対談を通してラジオやパーソナリティ自身の魅力を伝えたい。対談では「なぜラジオが聴かれるのか？」という共通の質問をしている。各パーソナリティのラジオ観を通してラジオの良さを少しでも伝えられたらと思っています。

とんねるずを生で見て“ギョーカイ”にあこがれたピュアな田舎者

僕は群馬県の草津温泉に生まれ、実家は温泉まんじゅう屋を営んでいる。八歳くらいまで強めの吃音に子どもながらに悩んだりしつつも、商売屋の子だったせいか、人に楽しんでもらうことが好きで、お調子者だった。

いかに人から嫌われないようにするか必死で、クラスでは目立つタイプだった。ところが中学に入ると今でも夢に出るブルーな経験をして、見事、最底辺に転げ落ちた。

よくある話だけど、ブルーな経験とは、球技大会で下手くそな自分に全校生徒の注目が集まるよう仕向けられ、大勢に嘲笑されるとか。臨海学校で一軍たちの部屋に呼びつけられ、コテンパンにシメられたあと、夜のフォークダンスでハブられるとか。授業中、ずっと一軍の足をマッサージさせられるとか。そんな類の経験。あまり思い出したくはない。

それからは思春期らしく自意識が溢れ、マイナス思考になり、おまけに内向的であることを悟られないように無駄に明るく振る舞う……。めちゃくちゃ面倒くさいこじらせ中学生になった。

時間があればテレビばかり見ていた。ただでこんなに楽しませてくれる。嫌なことを忘れさせてくれる。一人でテレビを見ている時間がいちばん幸せだった。

ある日、地元のスキー場に「とんねるずのみなさんのおかげです」のロケが来ているという噂を聞き、一人でのぞきに行った。毎週楽しみに見ていた「仮面ノリダー」の撮影だった。「月の輪熊男」と「雪だるま男」。

すげぇ〜!! とんねるずが数十メートル先にいる!!

とんねるずも周りにいるスタッフもキラキラしてカッコよかった。こういう世界に行ってみたい。人が楽しんでくれるものを作ってみたい。漠然とマスコミ業界にあこがれた瞬間だった。実に単純な田舎の中坊の話。

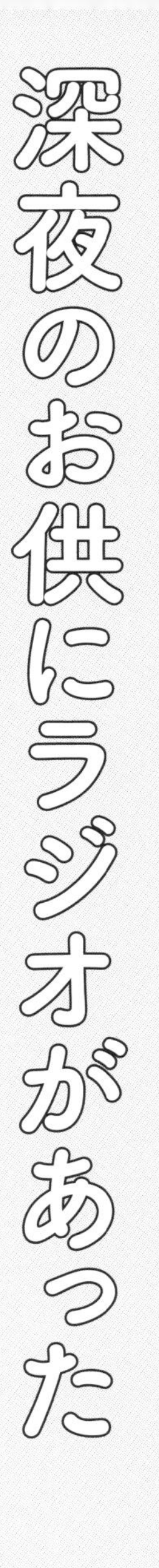

習慣的にラジオを聴くようになったのは、高校生になって下宿生活を始めてから。親元を離れて暮らすことが少し寂しかったのと、下宿の自室にテレビを置けなかったことがラジオと付き合うきっかけだった。テレビは下宿の食堂にあるのみ。チャンネル権は工業高校のやんちゃな人が握っていた。見たい番組が一致しないと自室に戻り、音楽やラジオを聴いた。

寝付けない夜に音楽を聴いても何か違った。歌詞も知っているし曲の展開もわかっている。耳に入ってくる情報が最初から最後までわかっちゃっているぶん、どこか無機質に聞こえたのかもしれない。

そんなときにガチャガチャとラジカセをいじり、出会ったのがTBSラジオ「岸谷五朗の東京RADIO CLUB（通称・レディクラ）」と「宮川賢の誰なんだお前は!?（通称・誰おま）」だった。

「レディクラ」の「カレーもお箸」という投稿コーナーを聴いて布団の中で悶絶し、「誰おま」の「タッパーに入ったリスナーのうんこが番組に届いた」というトークに涙を流して足をバタつかせた。

こんなにおもしろい世界があったのか……!!

僕はいわゆる「聴き専」で投稿はせず、たまに聴き逃すことがあっても平気なくらいのライトリスナーだった。それでも聴いているときは思いっきり楽しめた。テレビも好きだけどラジオも好き。ブルーな中学時代からも解放され、高校時代は一人深夜ラジオを味わった。

ちょっと古めのラジオリスナーあるあるだと思うけど、岸谷五朗さんや宮川賢さんのお顔を拝見したのはラジオを聴き始めてからずっと後のことで、イメージと違ってショックを受けた。

僕の中で岸谷さんは色白で、宮川さんは長髪で切れ長の目をしていた。今はネット検索すればすぐに出てくるし、局のホームページに行けば写真が掲載されている。

ラジオを仕事にしたくなった瞬間

高二のとき、浅草キッドが予餞会に来てくれた。

当時、二人が出演していたテレビ東京の「浅草橋ヤング洋品店」を夢中で見ていたので胸が高鳴った。「浅ヤン」は工業高校の人もお気に入りだったので、食堂で一緒に見ることができた。


「あの浅草キッドに会える！」


生まれて初めて見た生の漫才に大興奮だった。そして業界の裏話が盛り込まれた浅草キッドの漫才を見て、少し業界に近づけたような感覚さえあった。

漫才を終えた浅草キッドはステージの去り際、予告をしていった。

「ラジオでこの学校のこと言うから！」

帰り道、近所の書店でラジオ番組表を立ち読みして浅草キッドのラジオ番組を調べた。ニッポン放送「浅草キッドの土曜メキ突撃！ちんちん電車！」。

ところが、困ったことに下宿はとにかくニッポン放送の電波が入りづらい。そういう理由でクリアに聞こえるTBSラジオを聴いていたのもある。だけど「これは聴き逃せない！」と、放送当日はラジカセを持って部屋をウロウロしながら「浅草キッドの土曜メキ突撃！ちんちん電車！」を聴いた。


「この前行った群馬の渋川高校。男子校だから男くせーのなんの！」

……ニヤニヤが止まらなかった。

自分だけが知っている秘密の約束を守ってくれたような気分がなんとも言えなかった。

もちろんテレビもおもしろい。だけどあの夜、雑音まじりのラジオを通して受けた衝撃が忘れられなかった。そして、いつもそこにいて、寂しい夜を埋めてくれるラジオに感謝をした。

この経験が明確にラジオを仕事にしたいと思った最初の一歩かもしれない。

憧れの先輩 住田崇さん

親の目が届かない下宿生活を送る高校生が勉強などするはずもなく。一応は進学校と呼ばれる高校だったので大学受験はした。両親や担任、そして自分の予想通り、志望校にはことごとく落ち、滑り止めにかろうじて受かった。住めば都とはよく言ったもので、入学した大学で本当に良かったと思う。素晴らしい人々にも出会えた。

この文章を書いている今、たまたまフジテレビ「NONFIX」でラーメン二郎のドキュメントが流れている。その回を演出したのは、大学時代しょっちゅう遊んでもらった住田（すみだ）崇（たかし）さんだ。

住田さんは僕が一年生のときの四年生。「放送研究会」というサークルで一緒だった。発想やおもしろがるポイントが僕の想像を超えていて、話も上手だった。住田さんの「母親が作った味噌汁がまずくて吐いた」という話がとても好きだった。

卒業後、住田さんはTBSテレビ「ガチンコ！」や「未来ナース」のディレクターになり、まだ在学中だった僕に仕事の話をしてくれた。

住田さんから出るマスコミ業界の話は僕にとってすごくエキサイティングで、目も、鼻の穴も、口も、全開で聞き入った。しかも「未来ナース」は浅草キッドの番組だからなおさら。僕は住田さんに憧れまくっていた。

お互い働くようになってから遊ぶ頻度は徐々に減り、僕の結婚式の二次会で久々に会った。二次会の司会は、世界のナベアツこと渡辺あつむ（現・桂三度）さんと放送作家のオークラさん。会場で住田さんをみかけると、オークラさんと仲よさそうに話している。「なんで？」と思ったけど、実は、住田さんもオークラさんと長い付き合いで、今でも東京03の幕間映像や、バナナマンの「T-STYLE」のMV、深夜ドラマなどを一緒に作っている。世間は狭い。

そして佐久間宣行さんプロデュースのコント番組「インシデンツ」もオークラさんが脚本で、住田さんが監督をしている。

マスコミ業界はみんな知っていると思うけど、なんといっても局員が強い。放送局での仕事なのでそりゃ当然なんだけど。そんな業界でも放送局に入らずにおもしろい番組に携わり続ける憧れの先輩・住田さんの存在も、僕がこの仕事を選んだことに大きく影響している。

将来、赤坂で働くことになるとは

一九九五年。群馬の田舎から上京してきた僕は、とにかくダサいと思われたくなかった。だから当時流行っていた渋谷系の音楽を聴いて、無謀にもメンズノンノのまんま服を買った。モデルと背格好が違いすぎるのに……。やがてモテるためにターンテーブルも買い、そのターンテーブルを動かすためだけにハウスやテクノのアナログレコードを買った。

さらに〝サブカルはモテる！〟と確信して、「放送研究会」ではＶＨＳのカメラと編集機を使って、撮影した映像を数コマずつ繋げ、カクカク動く、塚本晋也監督の「鉄男」を丸パクリしたような映像作品を作っていた。一円にもならないのに徹夜で作業して自己満足に浸り続けていた。今思うと本当に痛いことをしていた。

要は早く童貞を卒業したい一心。……なんだけど、そんなものは何の役にも立たなかった。「流行＋サブカル＝モテる」という公式は存在しなかった。

結局、普通に知り合った同級生で、東北出身のお寺の娘さんと生まれて初めてお付き合いすることになった。初めてのデートは渋谷。ファストフードでランチをしてショッピングに映画鑑賞。僕は、初デートのおよそ八時間、ずっと勃起していた。当時、股上の浅いパンツが流行っていたので先っぽが出てないか不安で仕方なかった。だから何の映画を観たのか、何バーガーを食べたのか、全く思い出せない。初デートからしばらく経ち、人生初めての夜は、その子が部屋で放し飼いしていたフェレットが暴れて大変だった。

九〇年代のスウェディッシュポップブームの立役者といえば「カーディガンズ」。御多分に漏れず僕もスウェディッシュポップをよく聴いていた。そのカーディガンズが初来日するというので、ぴあに電話し続け、ラッキーなことにチケットをゲットした。彼女（フェレット女子）と京急に揺られ、向かうは「赤坂BLITZ」（TBSのすぐ隣のライブハウス）。赤坂駅に到着して「さぁ、生カーディガンズだ！」なんて意気揚々とBLITZへ続く階段を上りかけた瞬間、フラれた。

「他に好きな人ができちゃった……」

しかも、どうやらすでに付き合っているらしい。ふざけんな。

他のお客さんが続々と階段を上る中、あまりに大きな気持ちの落差に立ち止まっていた。人の流れを止めて迷惑がかかるのと恥ずかしいのとで、「うん、わかった」とクールに言い放ち、僕はライブを観ずにそそくさと帰った。

フラれてもライブを観るような図太さと心の余裕はどこにもなかった。場所はハッキリ覚えている。赤坂BLITZに向かう階段の下から三段目。

数年後、よもやその階段を毎日通ることになるとは。

ラジオを仕事にするしかなかった

そんなおのぼり大学生が、二年生の春にキャンパスの掲示板で「TBSこども音楽コンクール・アルバイト募集」の貼り紙を見つける。TBSラジオで今も放送している音楽情操番組だ。

「こども音楽コンクール」は、夏休みを利用して関東一都六県の市民ホールで近隣の小中学生による合唱や合奏を収録する。学生アルバイトは生徒の誘導や楽器運びが主な仕事。マスコミの仕事とはかけ離れた肉体労働だったけど「ＴＢＳ」と胸に書かれたＴシャツやトレーナーが支給されるので、少しだけ業界人の気分になれた。

「こども音楽コンクール」のアルバイトは大学卒業まで続けた。その間、前説の仕事や、収録した音源をＴＢＳのスタジオで組み立てる作業もやらせてもらえるようになった。四年生になった年、念のため取っていた中学社会の教職課程がもったいないので採用試験を受けたが失敗。その後、テレビ制作会社の面接を一社だけ受けたが失敗。

二十二歳の春……フリーターになった。


イマイチやりたいことに向かって踏ん切れないフリーター生活。コンビニ夜勤、帰ってプレステ、寝て起きて、コンビニ夜勤……。部屋は今で言うゴミ屋敷。「そろそろ潮時かぁ、実家に帰って家業の温泉まんじゅう屋を継ごうかなぁ」なんて考えていたとき、「こども音楽コンクール」のディレクターから「他の番組もＡＤとして手伝ってほしい」と声をかけてもらった。

コンビニバイトとかけもちして、朝の「生島ヒロシのおはよう一直線」、日曜日の「伊

集院光 日曜大将軍」などの番組で見習いADとしてアルバイトを始めた。

「他に居場所がない。とにかく今の自分にはここしかない」

これも僕がラジオを仕事に選んだもう一つの大きな理由。

怠惰なフリーター生活から救ってくれたラジオの仕事

ラジオのADは基本、雑用係。ルーティーンワークの日々が続く。だけど、たまにイレギュラーな仕事もあった。「おはよう一直線」ではショッピングのコーナーで試食役をした。「日曜大将軍」では巨大なメスシリンダーを持ってFC東京のキャップをかぶり、二時間リスナーに捕まらないように渋谷のセンター街を逃げ回るという大役を任されたこともあった。〝捕まえられたら十万円〟という企画にビビりながら逃げ回った。

その他、高円寺駅と阿佐ヶ谷駅を往復する係、なめたけの瓶を持って表参道を歩く係、TBSにあるウルトラマン像の前で手旗信号を振る係、リスナーのお宅にチャーハンを届けて中に入っている具を全部当ててもらう係……。「日曜大将軍」では伊集院さんの企画力にただ圧倒されるばかり。

気づくと毎日を生き生きと過ごしている自分がいた。プレステの毎日もそれはそれで楽しかったけど、日々慌ただしくADとして働くことが、世の中を生きているという実感に繋がっていた。


ADの仕事にだいぶ慣れてきた頃、「こども音楽コンクール」のディレクターが所属する「テレコム・サウンズ」という制作会社に正社員として雇用してもらうため、入社試験を受けることになった。ディレクターからは「現場経験も積んでいるし、通過儀礼だから」と言われていたので、Tシャツで面接へ向かうと、当然落ちた。で、翌年も落ちた。

僕には社会性がない……。

思えば父親も社会性に欠ける人間だった。パン屋のパンをトングでつままず手で取り、会計前に食す狂気の人だった。僕がテレビを見るのをやめないからと、二階から庭にテレビを放り投げるマッドだった。順当に受け継がれた社会性のなさ。

かが屋の加賀翔君のお父さんも僕の父親と同じ部類だそうで、そんなことを綴った彼の著書『おおあんごう』は自分を重ねて読んだ。


二〇〇〇年、二十三歳。

キチンと就活をした大学の同級生たちは正社員としてバリバリ働いている。僕はというと、この年、お情けでアルバイトから契約社員として登用してもらうことができた。入社試験に二度も落ちるような人間を見捨てず使い続けてくれた会社のおかげ。ますますここしかないと思ったし、ますますＡＤ稼業に打ち込むことになった。

大抜擢された同期と伝説のパーソナリティ

大学生のアルバイト時代からずっと担当していた「こども音楽コンクール」は、毎年、新人アナウンサーが担当する登竜門的な番組だった。中でも外山恵理アナウンサーには、会社は違えど同期ということもあって刺激を受けた。

僕が通過儀礼の入社試験に二度落ちてお情けで契約社員になった年、彼女はあの「土曜ワイドラジオTOKYO 永六輔その新世界」のアシスタントに大抜擢された。

世田谷の経堂で六畳一間、借金も抱える不衛生なADと、天下のTBSのアナウンサーで入社二年とか三年であの永六輔のアシスタント。……比べるにもほどがある。実家がだんご屋とまんじゅう屋で、うっすら「和菓子」っていう共通点はあるけど。

永六輔さんは職場のラジオフロアをはじめ、千代田線の車内や赤坂駅でよくお見かけした。草履をはいて姿勢よくスタスタと歩く姿が印象的だった。土曜日に作業していると局内の壁や天井のスピーカーから流れる永さんのラジオが耳に入ってくる。お話を聴いて頭の中で「へぇ〜」と頷くことが何度もあった。

そのときは頷いて感心するのに、目の前の仕事に忙殺されて次の日には忘れてしまっていた。今思えばなんともったいないことをしていたのか。唯一覚えている永さんのお話は、ワインボトルをなぜ横に倒して保管しておくのかという、ググればすぐ出てくるような話。

そう考えると、グーグルがない時代って永さんがグーグルだったんじゃないか。それに単純な知識だけではなく〝永六輔フィルター〟が働くので、事物に対しての考え方や捉え方を教えてくれる。それが人によっては〝金言〟になる。巨大図書館のような知見を積んだ永六輔さんは、リスナーにとても貴重な時間を提供していたんだなぁ、と今になって身にしみてわかる。


冒頭述べた「ラジオはパーソナリティのもの」という、今でも僕にとって重石のような言葉を置いていった放送作家さんは、その永さんの土曜ワイドを担当されていた。永さんと直に仕事をしていたからこそ紡がれた言葉だったんだろう。

そんな金言を間近で浴びていた外山アナウンサーは、あとから知ったが、アシスタントになった当時は内外からかなりの風当たりだったようだ。ただ、彼女は少なくとも僕の前で一度も弱音を吐いたことのないタフなアナウンサーだ。

ラジオは〝素のメディア〟

永さんがそうであるようにラジオの喋り手のことをパーソナリティ（＝個性）と呼ぶのは合点がいく。なぜなら、一般的にラジオはどのメディアよりも人（ニン）が出ると言われているから。性格・人柄・人間性とも言い換えられる「ニン」。声だけしか届かないのになぜなのだろう。

「脳の働き」や「心理的な現象として」など、科学的にはいろいろあるのだろう。だけど、二十五年くらいこの仕事をしてうっすらわかったのは、いくら話が上手でも、どんなに知名度のある人気者でも、そこに「話したい、聴いてほしい」という気持ちを乗せないと伝わらない、そして、ラジオの向こう側にいるリスナーの顔が想像できていないと伝わらない……ということ。

伝えることができて初めてニンが出るんだろうし、ニンを出さなきゃ伝わらない。

あとラジオは〝本音のメディア〟とも言われるけど、決して話す内容が本音じゃなくたっていいと思う。逆に本音を言ってるのに気持ちが乗ってないと伝わらないことだってある。なので、本音のメディアというより〝素のメディア〟って表現のほうが個人的にしっくりくる。

もっと言うと、ラジオはリスナーにもハートがないとコンテンツとして完成しないように感じる。聴き手が話し手への興味や好意を持てないとおもしろく（＝興味深く）感じられないから。少しでも嫌いになる要素があれば途端にそのラジオはおもしろく聴けなくなる。パーソナリティとの距離を近くに感じる分、好き嫌いの振れ幅が他のメディアよりも色濃く出るのだと思う。

そういえば、昨年の東京03さんのライブ「ヤな覚悟」にまさにそういうネタがあって。簡単に言うと、「人は嫌な奴の嫌なところばかり見つけてしまう生き物。だから嫌なところではなく、いいところを見つけるべきだと、嫌な奴からアドバイスされる」って話。「ラジオもそうなんだよなぁ」と思いながら観劇した。

最悪、好きになってもらわなくとも、まずはリスナーに興味や関心を持ってもらわないとラジオは始まらない。互いの気持ちが乗らないと完成しない、とても不完全なメディアであるラジオ。既にマスメディアとは名ばかりのこの不思議な空間になぜ人は集まってくれるのか？　……今もわからない。

大女優のパーソナリティ

午後ワイド「歌え！ドン・キホーテ」では、秋野暢子さんと香坂みゆきさんの曜日のADを担当した。いわゆる大女優。どちらも僕にとっては画面の中の人だったので、最初は何か別の生き物と接している感覚さえあった。この番組では、芸能界を生き抜くだけあってお二人の人間力というか女神のような優しさに触れた。

当時、僕はこの番組で出演者やディレクターから「テニー」と呼ばれていた。CDにDAT（カセットテープの進化版みたいなやつ。デジタルオーディオテープ）に六ミリテープ……、とにかく曲やBGMなど素材が多い番組だった。セットミスのないようにキューシートという進行表を床に置き、地べたに片膝を立てて座りながらAD業務にあたっていた。その様がテニスのボールボーイのようだ、みたいな由来で「テニー」と記憶している。

ある日、容器の半分が炊き込みご飯で、もう半分がうどんという、炭水化物だらけでヘルシーさ皆無のお弁当を発注した。ディレクターに「こんな弁当、よく頼んだな！」と、説教と嫌みに似たいじりを受ける。その様子を見ていた香坂さんは独り言のように「わたし、このお弁当大好き」と、おいしそうに召し上がってくれた。フォローと思わせない絶妙な声量と言い方で。

秋野さんは、番組の打ち上げでお酌をしたときの記憶が強く残っている。

当時のADは、打ち上げの席では、自分の飲み食いはあとまわし。まずは参加者の飲み物のおかわりや食べ終わったお皿の片付けに徹する。ある日の打ち上げの席。秋野さんに「何を飲みますか？」と尋ねると、「白ワインがあったら白ワインがいい」とおっしゃったので、「わかりました」とグラスに注いだら、思いっきり赤ワインだった。

隣で見ていたプロデューサーからは当然、「お前、何やっているんだ！」と言われる。「赤ワインと白ワインの区別もつかないのかよ？」と追い込んでくる。

秋野さんは、「テニーが注いでくれたら赤ワインが飲みたくなった」と言って、誤って注いだ赤ワインをそのまま口にされた。

俳優さんには勝手に距離を感じがちになる。完全にこっちの勝手な思い込み。だけど中には「うげぇ」って人も経験したから、香坂さんと秋野さんが特別だったのかも。

坂下千里子のビューティーお先です!

「坂下千里子のビューティーお先です!」は、TBSラジオのサテライトスタジオが吉祥寺のパルコにあり、毎週そこで公開収録をする番組だった。今はもうスタジオはない。パーソナリティは、当時「王様のブランチ」で〝ブラン娘〟として人気が出始めていた坂下千里子さん。同い年と思えないくらいキラキラしていた千里子さんは、ADである僕にも「おいちゃん」というあだ名で気さくに接してくれ、二十年後の今でも時々やりとりをしてくれるフレンドリーな方だ。

ブラン娘としてすましていれば何の問題もないのに、千里子さんは収録前、トークを練って自らジングルの原稿を書いて、ばっちりラジオに向き合っていた。

最も感心したのは千里子さんが「浜辺のチリチリダンス」という曲でソロデビューしたときだ。ＣＤデビューなんてめったにできないし、有頂天になって我を忘れてもおかしくない。

ところが千里子さんは違った。ＣＤデビューにまつわるレコーディングやリリース時のプロモーションでの出来事、そこに身を置く自分自身を俯瞰できていた。だからＣＤデビューに浮足立つことなく、というか浮足立ちそうになっている自分の心持ちや行動を、ラジオでの自分がツッコミまじりにトークする。当時、これほど地に足を着けたまま歌手デビューしたアイドルがいただろうか。

私見だけど、千里子さんは「かわいい」「きれい」と言われるより「おもしろい」と言われるほうが喜ぶはずだ。「ハライチのターン！」で「坂下千里子生誕祭」なるふざけた企画が毎年できるのも、そんな千里子さんだからこそだと確信している。

この「自分を俯瞰する能力」はラジオパーソナリティにとって重要な要素の一つと言える。

ADの仕事で学んだこと

番組制作の現場は、まずADから始める。買い出し、コピー、資料集め、駐車場やスタジオの予約、使用済み原稿のファイリング、リスナープレゼントの発送……。雑用がメイン。専門的な知識はそれほど必要なく、一般的な社会性が身についていれば誰だってできる仕事だ。

〝雑用〟というと聞こえがあまりよくないかもしれない。番組の役に立てていないと感じるかもしれない。それでも工夫や努力の余地は結構あった。

資料作り。仮に自分がパーソナリティだったらその資料を渡されて読みやすいものになっているか？　パーソナリティが読みやすい資料を作ればスムーズにリスナーへ情報を届けられる。

ノベルティの発送作業。仮に自分が投稿を読まれたリスナーだったらいち早く届けてほしくはないか？　一生懸命ネタを考えてくれたリスナーに一日でも早くノベルティを送ればまたネタを送ろうと思ってくれる。

編集。自分は編集中に何べんも聴いているから次に何を言ったりやったりするかわかっているが、初見（初聴）のリスナーにとって必要な説明を切っていないか？　聴き逃させない十分な間を取っているか？

ケータリング。A社のコマーシャルに出ている出演者にB社の飲み物を出す。仮に自分がB社の飲み物を出されたら心の中で「俺、A社のコマーシャルやってるんだけどなぁ」って思わないか？　パーソナリティのテンションを上げる飲み物やお菓子を買えば番組に取り組む意欲も向上する。

相手の立場に立って考えて行動することがぜんぶ番組のためになっている。番組のためになっているということは、その先にいるリスナーのためになっている。リスナーの信頼を得ればリスナーが増えていく。リスナーが増えれば局やスポンサーが評価してくれる。結果、番組は続く。ＡＤは番組の根幹に思いっきりかかわっている。

第2章 パーソナリティが教えてくれた

お笑いとの出会い

僕にとって転機となった番組の一つ「赤坂お笑いＤＯＪＯ」を担当することになったときの話。

パーソナリティはプロデューサーも務める浦口直樹アナウンサー。僕の役職名は「フロアディレクター」だったが、業務内容は変わらずＡＤだった。

毎月四十組ほどの若手芸人さんのネタ見せ（オーディションのようなもの）を行い、後日「ＴＢＳホール」という三百キャパほどの会場にリスナーを招いてネタを公開収録する。そしてお客さんのリアクション（笑い声）も混ざったネタの音声と、後日収録する浦口アナウンサーのナレーションを組み合わせて番組にする。

ネタ見せに合格して出演する若手は「ＤＯＪＯ破り」というゴングショーコーナーに出演する。

あらかじめ配られた札をお客さんが持ち、芸人さんはネタを披露。お客さんは、ネタが「いまいち」と感じたら札を挙げる。札を挙げたお客さんが十名に達した時点で即ネタ終了。かなり厳しい企画。今も大活躍するナイツ、コンビ時代のカンニング、ナイスミドル（現・オードリー）もこのＤＯＪＯ破りへの出演を目指しネタ見せに来ていた。

お笑いＤＯＪＯのメインは、一本ネタ芸人によるネタ。ＤＯＪＯ破りとは違って最後までネタを披露できるが、各芸人には段位が付けられ、似通った段位同士の対戦形式になっている。

終演後、観客アンケートで勝敗を決め、放送で勝ち負けを発表。勝つと段位が上がる。初段から始まり十勝で免許皆伝。その道のりはかなり険しく、免許皆伝になったのはたったの三組。アンジャッシュとバカリズム、そして我らがバナナマンだ。

他には、爆笑問題、Ｘ－ＧＵＮ、ネプチューン、海砂利水魚（現・くりぃむしちゅー）をはじめとするボキャブラ芸人も多く出演。東京03結成前のアルファルファ、スピードワゴン、ピンになったばかりの劇団ひとりさんなど今でも活躍する芸人さんが多数出演していた。

僕が生まれて初めて連絡先を交換したお笑い芸人さんは、このお笑いＤＯＪＯで知り合ったエレキコミックのやついいちろうさんだった。

やついさんとはナンバーガールが最初の解散をする直前のライブに行き、呼ばれてないのに打ち上げ会場に入り、遠くで談笑する椎名林檎を見つけてはしゃいだ。やついさんは会うたびにおすすめのアーティストやバンドを教えてくれた。おかげでたくさんの音楽と出会うことができた。

お笑いを仕事に

ネタについて見れば見るほど、聴けば聴くほど、お笑いに対しての興味がわき、芸人さんと仕事をすればするほど、お笑いに対しての尊敬が生まれていった。それと同時に、僕はこの番組でまだ世に出ていない芸人さんたちに初めて触れ、「こんなにおもしろいのにもったいない！」という思いに毎回かられていた。

ネタ見せに参加する若手芸人さんたちによって自分自身のギアを変えてもらったように感じる。

それまで僕はたった一度の教員採用試験という挑戦に失敗したからと就活もせずフリーターになった。で、目の前に転がってきたラジオＡＤの仕事を漫然とこなしていた。そして忙しさにかまけ鬱屈した日常を忘れようとしていた。自分を見つめ直すこともせず、環境のせいにして、誰からも、そして自分からさえも認められない自分に成り下がっていることに気づいた。

落ちても落ちても毎月ネタ見せに来る若手芸人さんは違った。「自分はおもしろい」「自分が考えたネタはおもしろい」。少なくとも自分自身は信じている。

いつか認められよう、いつか売れよう、きっと自分はおもしろい……！

モヤモヤした環境や生活水準は僕と似ているのに、マインドが全然違った。彼らは諦めていなかった。自分自身がしっかりあった。そんな様子を見て感化されたことが、今振り返ると大袈裟だけど、僕の人生を変えてくれた。

もしこの先ディレクターになることができたら、お笑い番組を作りたい。欲を言えば、まだ知られていない若手芸人さんたちのおもしろさを多くの人にラジオを通して届けたい。どこか人生の目標が決まったような感覚だった。

華々しいディレクターデビュー作？

資料が全く残っていないんだけど、確か二〇〇一年頃。二十五歳。初めて自分で企画書を書いてイチから番組を作ったときの話。

プロデューサーや編成に企画を提案し承諾をもらう。出演者の所属事務所に交渉。出演者ご本人と打ち合わせをしてスタジオで収録。編集して音付けをする組み立て作業。〝完パケ〟と呼ばれる完成素材を登録。番宣のためのプレスリリースの原稿を書く。初めから終わりまで全てを自分で切り盛りした、華々しいディレクターデビュー作。それが……、

「鳥肌実のパーソナリティスペシャル」

結果は散々だった。いや、鳥肌実さんはめちゃくちゃおもしろかったので、番組として

ではなくディレクターとして散々ってこと。準備不足、至らなさがありすぎた。

まず、当時お笑いライブに行きまくっており、お笑いを知ったつもりでいて、あえて王道を避けたマイナー思考がカッコいいしラジオっぽいと思っていた。

鳥肌実さんは、社会的に結構きわきわを攻める妄想独演が特徴で、代々木体育館を埋めるほどコアファンがたくさんいた。僕はそのネタをそのまま公共の電波で不特定多数に届けていいのかどうかの判断基準を持っていなかった。

鳥肌実さんのネタをそのままラジオで放送するには工夫がいる。ディレクターとしてネタのおもしろさや良さを残したまま放送可能な状態にする落とし込みが全くできていなかった。

また「自分一人でできるはず！」と尖って放送作家をつけなかった。別の意見やフィードバックをもらう機会を自ら逸していた。つまり全部一人でやりたいというエゴ丸出しの最低なディレクターになっていた。


「パーソナリティスペシャル」とは、週替わりのパーソナリティが担当する三十分の録音番組で、いわゆるお試し枠。当時その番組のプロデューサーをしていたのが「ＪＵＮＫ」を作った菊地健志プロデューサー。僕のディレクターデビューを許してくれ、のちにＪＵＮＫのディレクターに選んでくれた大恩人。

収録後、鳥肌実さんをエレベーターホールまで見送った後、菊地さんは苦笑いしながら「お前、とんでもないの連れて来たなぁ。とりあえず編集したら一度聴かせてくれ」と言ってきた。そこで初めて「やらかした……」と自覚した。このままでは大恩人の顔にも、大好きな出演者の顔にも泥を塗ってしまうと、恐怖に震えた。

ラジオを作ることとは。ディレクターの仕事とは。……何もわかっていなかったし何も考えていなかった。自分の浅はかさを痛感した。

とにかく表に出せるようになるまで徹底的に編集しよう。幸い収録音声は三十分番組とは思えないほど大量にあった。それはそれでディレクター失格なのだが……。そして三十分番組とは思えないほど編集に時間を費やした。二十時間以上は編集した。これもまたディレクター失格。でも収録から編集にかけての作業は本当におもしろくて夢中になった。

企画書を書いている時点で鳥肌実さんのラジオを作るなら、オープニングテーマは石野卓球さんのアルバム「BERLIN TRAX」の一曲目「Polynasia」と既に決めていた。ナレーションの編集を終え、音楽を付ける組み立て作業をする。自分の大好きな曲をバックに自分の好きなパーソナリティが喋る。それを自分が作る。何よりも気持ち良かった。全身で悦に入り、震えながら組み立て作業をした。

全ての作業を終え、完パケ素材を菊地プロデューサーに聴いてもらう。

そして、僕に向かって静かにこう言った。


「……良さが全然なくなってる」


僕は何に怯えたのか、きわどい表現にことごとく「ピー」とか「ボカーン！」とかSE（サウンドエフェクト。効果音のこと）を入れて単語を潰していたのだ。

結局、菊地プロデューサー指導のもと、編集の直しがガッツリ入り、なんとかディレクターデビュー作品を世に出した。今、どこをどう探しても当時の同録（テープ）は出てこない。

その後、鳥肌実さんから個人的に頼まれて、一人コントCD「トリズム」のネタ収録と編集を手伝わせてもらった。それから音沙汰はないが、お元気にされているだろうか。

ディレクターの仕事

ディレクターは、出演者や作家さんと「何をしたらリスナーが喜んでくれるか？」を考える。考えたら実行する。その結果、番組やパーソナリティがリスナーやスポンサーに支持されれば成功だ。言葉にするとシンプルだけど、やってみるとなかなか大変。局によって、番組によって、出演者によって、組むスタッフによって、関わり方やその濃淡はいろいろ。一概には言えないけど〝番組をおもしろくする実行部隊の一人〟っていうのがどんなケースでも共通している。みんなで考えた企画やコーナーを形にする重要な仕事を背負う。

じゃあ、具体的に何をしているの？　作家さんと何が違うの？
いまいちイメージできないと思うので、どんな感じか書いてみます。

レギュラーコーナー

おぎやはぎのメガネびいき「週刊おぎやはぎ批評」

★課題①

一時間の録音放送「JUNK ZERO」から、二時間の生放送「JUNK」に移動するにあたり新しいレギュラーコーナーが必要になった。

★課題②

録音放送であれば細かく編集できたが、とにかくおぎやはぎは、言い間違いをしたり、噛んだりすることが多い（それがおもしろくもあった）。

★ふわっと思いついたこと

生放送になることでそのまま出るであろう〝あら〟を逆にコーナーとして利用できないか？

作家の鈴木工務店さんとオークラさん、宮嵜の三人で赤坂のタリーズコーヒーで毎週話し合った。

僕が元々「フジテレビ批評」のような自戒っていうか自省的な番組が好きだったので、このパッケージを使えないかと提案した。升田尚宏アナウンサーの堅めのナレーションにクラシック曲のピアノBGMで、かしこまった雰囲気に……。

升田さんは元々金曜JUNKのときに「隠語講座」というコーナーでナレーションを担当してもらっていて、堅い声の感じとか、キャラクターを知っていたのでハマり役だった。

作家の二人も気に入ってくれて、そこにネタのパターンなどアイディアをどんどん放り込んでくれた。

……かくして「週刊おぎやはぎ批評」は完成した。

このコーナーだけリスナーがラジオネームを変えてくるノリは、やりながら形成されていった。深夜ラジオのコーナーって七～八割で作っておくとリスナーが目ざとく余地を見つけて遊び始める。

この距離感での番組とリスナーのキャッチボールが楽しい。どちらからともなく自然とコミュニケーションを図り一緒に番組を作っていく感覚。

★このコーナーにおけるディレクターの実務

コーナーの種の提案、BGMの選曲、おぎやはぎへの説明、升田アナウンサーのキャスティング、升田さんのナレーション収録と編集。

★難しかったポイント

升田さんへの演出、編集での間の使い方、ネタの順番、前週素材の使いどころ。

勝ち負けなんてないんだけど、自分の中で「週刊おぎやはぎ批評」はおぎやはぎの二人が本気で笑えば勝ち、と決めていた。作家の鈴木工務店さんとオークラさんには、ネタ選び、ネタ順の相談、作った素材へのダメ出しをしてもらっていた。

特別企画

おぎやはぎのメガネびいき「魔法小木おぎか☆オギダ」

★経緯①

聴取率調査において、メガネびいきの十代の数字が＊（コメ）を記録したときがあった（「コメ」とは計測不能というかほぼゼロってこと）。結果を受けオンエアで報告。リスナーに十代に刺さるトピックスを募集。そこでアニメ「魔法少女まどか☆マギカ」が流行っているという情報を得る。

★経緯②

途中まで「まど☆マギ」を観た矢作さんが見事にハマる。翌週、レンタルショップに借りに行くところからトーク。内容と魅力をネタバレしないように小木さんに説明するが下手くそすぎてリスナーに怒られて、2ちゃんねるで叩かれる。

経緯①②を経て、リスナーからの反響がものすごく大きく、さらにアニメの制作会社（いわばご本人）からポジティブなリアクションがあったので、「まど☆マギ」を絡めた企画の実施を決定。

★ブレスト

鈴木工務店、オークラ、永井ふわふわの放送作家三人と、宮嵜で話し合い。

アニメに詳しい人を招いて作品を解説してもらう〝勉強系〟は？
小木vs矢作で、どっちが説明上手かを競う〝対決系〟は？
声優さんを招いてパロディっぽい企画をしてみては？

……いろんなアイディアを出し合った。

結果、アニメ制作会社全面協力のもと、豪華声優陣をブッキングして、「まど☆マギ」のラジオドラマ仕立てのパロディ企画に決めた。
この企画は二回行って、初回は主人公・鹿目まどか役の悠木碧さんが生出演。事前の収録で他キャストの声もいただけた。さらに制作会社の厚意で円盤化前のサントラの提供

（これが本当に大きかった）など、運も味方してくれた。

★この企画におけるディレクターの実務

作家陣とドラマの大筋を考案、アニメ制作会社との折衝、声優さんの事務所と内容・日程の調整、声優さんによる事前のナレーション収録と編集、解説役兼リアクターとして南海キャンディーズ山里亮太さんのブッキング、ラストに大オチとしてサプライズ出演してくれた小木さんの奥様・奈歩さんのブッキング。

自分自身もこの件を機に「まど☆マギ」にどハマりしていたので、本物のキャストの声に本物のサントラＢＧＭを組み合わせる編集作業には鼻血が出そうなくらい興奮した。ディレクター冥利に尽きる作業だった。

この企画は二〇一二年二月のスペシャルウィーク（聴取率調査週間）でオンエアした。結果、「おぎやはぎのメガネびいき」は初めて「裏のライオン」（「ナインティナインのオールナイトニッポン」）を抜いて聴取率一位を獲得した。

アイディアをくれたリスナー、そんなリスナーの提案を素直に実行したおぎやはぎ、リスナーとおぎやはぎのキャッチボールが普段ラジオを聴かないノンリスナーのアニメファンへ波及して数字を押し上げた。

ディレクターである僕が計らったわけでもなく、番組で起きたことをただただ実行していただけ。ディレクターは作る仕事なんだけど、ディレクターだけでは決して番組は作れない。

リスナーと番組とで共に熱量を上げることがいかに外側に訴求するかを学んだ。また、外側への拡散はTwitterをはじめSNSの力が大きかった。綿菓子のようにどんどん周りを巻き込んで大きくなる。不完全なメディアがここでも裏付けられたように感じる。ラジオならではの盛り上がり方だったし、SNS経由という新しいルートからの拡がりでもあった。

結局ディレクターは実務を何でもやる人。船で言ったら船頭にもなるし漕ぎ手にもなる。放送が始まったら舵取りをする。瞬時の判断、アイディアの提案と選択、自分次第で番組をもっともっとおもしろくできる役割。逆のパターンもあるのでそのぶん責任はめちゃくちゃデカい。

生放送のスケジュール

「おぎやはぎのメガネびいき」生放送のスケジュール

十九時：「週刊おぎやはぎ批評」の編集（既に別日に収録したもの）
二十一時：選曲、作家さんから来た原稿の修正、タイムキープするために用いるキューシート作り、各コーナーで使うＢＧＭや素材の準備、ＳＮＳの更新、ＡＤさんへの指示（資料や曲）
二十二時：鈴木工務店さんを入れて「週刊おぎやはぎ批評」の仕上げ
二十三時：曲、ＢＧＭ、原稿類の最終まとめ
二十四時：おぎやはぎへ最低限の説明
二十五時：生放送開始
二十七時：生放送終了。スタッフで翌週の打ち合わせ
二十八時：アフタートークの編集と配信設定
二十九時：終了

勘違いの日々

ディレクターは勘違いを繰り返す。

「上手に編集できた！」「企画がめちゃくちゃ盛り上がった！」「いいところでCMに行けた！」などなど……鼻息荒く、意気盛んになる瞬間がある。

僕のように単純な人間は、これらがまるで自分だけの手柄だと錯覚してしまうことがある。髪を赤く染めたり、ハットをかぶって出社したこともあった。振り返るとゾッとする。

自分を殺せってことではなく、放送の内容に自尊心や虚栄心をダイレクトに介在させたところでいいことなんて一つもないって話。自意識というか承認欲求が強いと自分の評価をまず気にする。できる人間と思われたい。センスがいいと言われたい。

自分の考えたおもしろい企画やフレーズを押しちゃうことってある。だけど、それって自分のためにやってる感じすらする。そうじゃなくて、リスナーのため。出演者のため。番組のため。スポンサーのため。ひいてはラジオのため。自分が評価されたいならまず番組をおもしろくするべきだ。自分が評価されるのはそのあとからだって遅くはない。

エゴイストになってしまったディレクターは、本来の目的を見失う大馬鹿者になる。ディレクターがまずやるべきなのは、パーソナリティや番組がリスナーにおもしろく映るようにすること。〝自分が〟……じゃない。裏方なんだし。その日の放送がおもしろくなったのはパーソナリティのおかげだし、メールを送ってくれたリスナーのおかげ。準備も含めると番組に対して費やす時間が最も長いし、生放送や収録が始まったらその場を掌握する役割だから勘違いが発動する。

リスナーは「編集がうまいなぁ」とも「いいところでCMにいったなぁ」とも思わない（中にはそこまで思ってくれる稀有なリスナーがいるかもしれないけど）。リスナーにとっては、おもしろかったかどうか。そこにディレクターの自意識は必要ない。と、今になって思う。

上手くできたら自分で自分を褒めればいい。番組がおもしろければリスナーや周囲が褒めてくれる。僕はこの勘違いを繰り返して、今になってやっと自分の役割と果たすべき課題が見い出せたような気がする。

だから若いディレクターには大いに勘違いして、反省して、赤面して、ディレクターの役割を自身の中で強固なものにしていってほしい。そして実力をつけて自信を持ってほしい。幸いラジオは人の命を物理的に預かる仕事じゃない。だから失敗しながら成長できる。

それでも「自分」を出したいエゴイストへ

番組の評価は、看板にパーソナリティの名前を配している以上、パーソナリティのもの。その番組を編成している局のもの。ディレクターは裏方だから自己の評価は番組やパーソナリティの評価に紐づく。

でも、手柄っていうか自分が携わっていることの証を残したい。そんなディレクターに個人的におすすめなのは「ジングル作り」。

ニッポン放送ではジングル、TBSラジオではSS（エスエス）という。サウンド・ステッカーのSS。僕は、「エスエス」と発音しにくいから「ジングル」と言っている。

どうしても番組のために何か自分を出したい、という衝動と、骨の髄までリスナーに楽しんでほしいという気持ちで作っているのがジングル。僕はジングル作りに代表される編集作業が仕事の中で一番好き。

ジングル作りに精を出したきっかけは「爆笑問題カーボーイ」だ。今はあまり使われていないが、太田さんが「テニスボール持ってきて！」というやつ。

これを聴いたとき、ずっと頭に残って「テニスボール持ってきて、ってどういう状況？」と想像したらおもしろかった。また太田さんの言い方もおもしろい。それから、「雨上がり決死隊べしゃりブリンッ！」や「極楽とんぼの吠え魂」では、生放送前に時間があるときは努めて新しいものを作った。

原稿を準備して作るジングルもおもしろいのだけど、次第に自分の中で飽きてきた。ある日、前週のオンエアでおもしろいやりとり（山場的なシーンや、パワーワード）の音声を使ってジングルを作ってみた。おもしろかった。なんでおもしろく聞こえるんだろうと考えた。

本人たちはその瞬間、ジングルで使われるなんてこれっぽっちも意識していない。だからやりとりのテンションがとてもナチュラル。やりとり自体のおもしろさに非人工的な自然な風味が加わっておもしろく聞こえるんだろう。

やがて僕はジングルを一つの作品だと考えるようになった。何度聴いてもおもしろさが擦り減らない固いものが理想。それを聴いておもしろいと思ってもらえれば、番組とパーソナリティの評価にだって繋がる。

ジングルまでおもしろいって、しっぽまであんこの詰まった鯛焼き状態だ。

しかもジングルの良し悪しは自分の作業次第。番組に貢献できたかどうか、はっきりとした証になる。

一度だけ「吠え魂」リスナーから、「この番組のジングルはどの番組よりおもしろい」というメールをいただいたことがある。ますますやる気が出た。些細なことでもリスナーに褒めてもらうことは本当に救われるし励みになる。

編集の仕事が一番好きな理由

小さいころ一人でテレビを見るのが好きだったように、僕は一人で何かするのが好きな性分だ。他者とのコミュニケーションがそれほど必要ないから余計な気を回さずにすむ。

編集は、一人ぼっちで自分の脳みその中身を表に出せる幸せな作業だ。

「メガネびいき」のコント「ママン」、「吠え魂」の「今週の教え」、「ピエール瀧・ビビる大木のおっさんニュース年録」……。料理人や家具職人が丹精込めて製品を作るような顔で音声を切って繋いで加工する。

このフレーズを立てたい（聴き逃してほしくない）から、手前で間を作る。もっと強調させたいから間と同時にBGMの音楽を止める。音のフレーズにワードを当てはめる。リズムやビートにフレーズを乗せるため、声のピッチやトーンを調整する。声にエフェクトをかけて音楽と馴染ませる。

また、誰でも喋っていれば噛んだりつっかえたり、「え～」とか「あの～」とか言いよどんだりすることがある。そこを機械的に編集で切ってもダメ。噛んだってことは慌てていたのかもしれない。言いよどんだってことは発言までに決断を要することなのかもしれない。そういった心の機微を安易になくしてしまうことがどれだけ番組の損失に繋がるか。だから編集って如何様にもできるし責任が伴う。平気で嘘も作れるし、ごまかせたりもする。何よりおもしろくできる。録った素材での百点が取れる。しかも、今はパソコンを使ったデータ編集なので間違えても何度もやり直しがきく。

僕が編集を覚えたころは六ミリテープをハサミで物理的に切って編集していた。「デルマ」と呼ばれる色鉛筆のようなものでテープに印をつけてハサミでちょきん。切った部分を「スプライシングテープ」と呼ばれるセロハンテープのようなもので貼って繋げる。一応、やり直しはできるんだけど、床に散らばったテープの切れ端から戻したい部分を捜すのがとてつもなく億劫だった。

ああでもないこうでもないと試行錯誤して編集しながら、「これを聴いてリスナーが笑ってくれるかな？」とか「自分がリスナーだったらこんな風にされたら笑っちゃうなぁ」とか、頭の中でリスナーを想像する。自分が編集したもので笑ってくれるリスナーを思い浮かべて作業すると時間を忘れる。納得いくものが作れたときは不思議と疲労がない。

一人になることができて、自分の手が直接、〝リスナーのおもしろい〟に繋がる「編集」。僕はこの仕事が本当に好きだ。

やるっきゃない精神！極楽とんぼ

「雨上がり決死隊べしゃりブリン！」が、まだ週末の三十分番組だったころ、急遽ディレクターとして呼んでもらったのが「極楽とんぼの吠え魂」。前任のディレクターが退社することになったのが理由だった。

菊地プロデューサーからは「雨上がりともやれているんだから極楽とんぼともできるだろ?」みたいな通達だった。僕にとってＪＵＮＫのディレクターといえば花形だったが、心の準備もできないままの急なＪＵＮＫデビューだった。

当時、テレビバラエティの最高峰だった「めちゃイケ」(「めちゃ×2イケてるッ!」)。そこで〝失うものなど何もない〟とばかりに縦横無尽に暴れまわっていた極楽とんぼ。「お笑い偏差値」みたいなものがあるとしたら駆け出しの僕なんかじゃ到底見合わない。二人の足を引っ張るんじゃないかと不安しかなかった。

対談
極楽とんぼ
ラジオは演者に
「覚悟」をさせてほしい。
加藤浩次・山本圭壱
宮嵜守史

宮崎　お時間いただきましてありがとうございます。ムチャクチャ緊張していて……。僕がディレクターとして初めて担当した生放送の深夜番組が『極楽とんぼの吠え魂』なんです。

『吠え魂』に教えられたディレクターの責任

加藤　あれ、初めてか？　そんな感じしなかったけどな。

宮崎　二十六歳のときです。その数ヵ月前から雨さんのラジオ★1はやっていたんですけど、当時は三十分の録音番組で、まだ『JUNK』枠ではなかったんです。

加藤　前のディレクターは誰だっけ？

宮崎　僕の直前が砂原（啓二）さんで、その前が今村（芳文）さんです。

山本　砂原さんに、今村さんね。

宮崎　最初に『吠え魂』で学んだのはCMのことなんです。『JUNK』は、一時台に五回CMを入れなきゃいけないというルールがあるんですが、僕は初めてだったので、まったくわからなくて。お二人にトークバック★2で「CMに行ってください」って言って

★1 『雨上がり決死隊べしゃりブリンッ！』。TBSラジオで二〇〇二年四月〜二〇一〇年三月に放送。三十分番組からスタートし、二〇〇四年九月からは『水曜JUNK』として放送された。

★2 スタッフのいる副調整室からラジオブース内にイヤフォンを通じて直接指示を出す行為。

も、一向にCMに行ってくれなかったんです。もうこれ以上続けたらパンクするというところで、僕が話の途中で強引にジングルを打って、CMに行ってしまったと。そのとき、加藤さんは色つきのメガネをされていたんですが、CM中にずっと僕のほうを見ていて。

山本 にらんでたんだ。プレッシャーをかけてたんだね。

宮崎 放送が終わったあと、「ホントにすみません」って謝って、事情を説明したら、加藤さんが「いや、そんなもんはお前がおもしろいと思ったところでぶった切ってもらっていいんだよ」って言ってくださったんです。

加藤 俺、覚えてるよ。はっきり覚えてる。

宮崎 「それで、リスナーはCMが明けてもまた聴こうっていう気持ちになってくれるんだから、お前がおもしろいと思ったところで行けよ」って言ってくださって。

加藤 いいこと言うねえ（笑）。

宮崎 それが今でも糧になっているんです。僕はディレクターであると同時に、最初のリスナーでもあるので、「あっ、おもしろい」と思ったところでCMに行ければ、結果リスナーも笑顔のままCMに行き、その続きをさらに聴きたくなるはずだと思って他の番組もやってきました。

加藤 「間違ってもいいんだよ」って言った覚えがある。間違ったとしても、残り何秒かで俺たちが「なんでCMに行くんだよ!」って言うからって。そうしたら、CMが明けたあとにまた話ができるでしょって言った覚えがあるんだよね。

宮嵜 僕の中でホントに衝撃でした。実はそういう文化って、深夜に限らずTBSラジオにはあまりなかったんです。パーソナリティからディレクターに逆キュー[★3]をすることはあっても。

山本 パーソナリティのほうから?

加藤 そうだよ。知らないの、お前?

山本 知らない。

加藤 俺、当時から知ってたよ。パーソナリティが喋りながらキューを出して、そうしたらディレクターがジングルを叩くっていう。FMでも結構多いよね。

山本 それだと楽だね。ディレクターはパーソナリティだけ見てればいいんでしょ?

加藤 俺はね、仕事って〝全員が責任を持とう派〟なのよ。今だから言葉にできるんだけど。俺らは頑張っておもしろいことを喋ろうとする。で、ディレクターはそのおもしろ

★3 番組を進行するために行われる合図。通常は話し始めやCMに入るタイミングで、ディレクターからパーソナリティに出される。「逆キュー」は反対にパーソナリティからスタッフ側に出す形。

いところで切って、リスナーが聴きたくなるような構成にするっていう。宮嵜が叩くときって、やっぱ「大丈夫か？」って思うわけじゃない？　それって自分の責任じゃない？　ワントップで、その責任を負わない感じでやるパターンもあると思うよ。でも、俺は全員でやるべきだと思っているし、今でもそれは変わらないんだよね。

宮嵜　当時の僕はその言葉を聞いて、そういうやり方があるんだと驚きました。

加藤　俺はそんなのどこで覚えたのかな？　覚えたっていうか、感覚だろうな。

山本　俺なんか、そうだったって今知ったもん。

加藤　お前は番組が終わったらすぐ帰ってたからな。

宮嵜　放送中にペンをいじって、キャップをバカにさせて帰るんですよね。

山本　あと、クリップを真っ直ぐにしてね。

宮嵜　そのときに、ディレクターがキューを出して、ミキサー[★4]がフェーダーを上げるという動作が、僕の中では半テンポ遅れる感じがしたので、そこからサンプラーを『吠え魂』用に用意したんです。

加藤　自分で叩けるようにしたんだよね。

宮嵜　そこから段々とそれがTBSラジオ全体に浸透していったんですよ。お昼のワイド

★4 マイク、CDプレイヤー、楽器など複数の音声を調整する音響機器を指し、それを担当するスタッフも「ミキサー」と呼ばれる。「フェーダー」はミキサーにある音量を調整するツマミ、「サンプラー」は複数の音声を録音し、登録したボタンに合わせて自由に再生できる電子機器。

番組でも、そういうやり方をみんなやるようになって。それまでは怖さを感じて、ビクビクしながら仕事をしていたところがありましたけど、「今日もリスナーに笑ってもらおう」ってやり甲斐が持てて、そこから『JUNK』がすごく楽しくなりました。お二人に関してはこの話に尽きる部分があります。

怖かった山本から受けた洗礼

加藤 お二人じゃないでしょ？　俺でしょ？

宮嵜 はい。加藤さんです（笑）。

山本 まあ、俺がいるから、そういう場がなごむんだからさ。

宮嵜 山本さんからの洗礼もありました。ディレクターをやらせてもらいますとお伝えした前後で、山本さんにグッチ裕三さんのお店に誘ってもらったんです。

山本 『うまいぞお』に行ったんだ。

宮嵜 そこで僕は気に入られようと思って、ちょっとしたウケ狙いの話をしたときに、山本さんが一切笑わなかったんですよ。

山本 嘘だ。

宮嵜 「そういうのは芸人に通じないよ」って言われたんです。今考えれば、知り合ったばかりの素人が芸人さんを笑かそうとしてちょっとしたエピソードトークしてくるみたいな感じだったと思います。ホントに恥ずかしいですけど。

山本 全然覚えてない。

加藤 だって、当時の山本は今の山本と違うもんね。俺より怖かったと思うよ。

山本 そんなことないでしょ。

加藤 いやいや、当時の山本って裏では俺より怖い感じがあったよね。俺は色メガネをかけたりして、初見は怖そうだけど、絶対にお前のほうが怖かったと思うよ。

山本 そんなことない。ニコニコしてたでしょ？

加藤 いやいやいやいや、俺がメールチェックをしていると、いつも遅れて機嫌悪そうにスタジオに入ってきてさ。

宮嵜 で、耳掃除して、UCCのブラックコーヒーを飲んで。

加藤 俺より先に来たことないよね。あの頃はホントに「これ、加藤がやってるから、俺は別にいいでしょ？」みたいな空気を出してたよ。

宮嵜 スペシャルウィーク[★5]の企画も、山本さんと相談したことはなかったです。

加藤 今だから言うけど、ラジオが三時に終わるじゃん。そのあと、俺、宮嵜、工務店[★6]、オークラ[★7]で五時ぐらいまで残っていたことあったよね？「スペシャルウィークどうする？」みたいな。

山本 言ってくれたらよかったじゃん！

加藤 いや、あのときはあのときで、俺はお前がいると邪魔だったんだよ（笑）。

山本 まあでも、たぶん俺らはそんな感じじゃない？ 二人でやるより、加藤一人に任せて、俺は泳がされる。俺も実行犯みたいなほうがやりやすかったから。

加藤 あのときってさ、宮嵜は大抜擢だったの？

宮嵜 だと思います。

加藤 やっぱそうなんだ。そんな感じはあんましてなかったんだよなあ。宮嵜の第一印象は、最終回にも言ったみたいだけど……ホントに顔と体のバランスが悪い男だなと（笑）。

山本 肩幅がちょっと人より狭くて、顔が人よりもちょっと大きくてね。

★5 ラジオ界でゲスト出演や大型企画が行われる特別週間を意味する。ビデオリサーチ社による聴取率調査週間に合わせて、首都圏では年六回開催。頻度は地域によって異なる。

★6 放送作家。『極楽とんぼの吠え魂』の作家を務め、極楽とんぼが二〇二二年に『オールナイトニッポン』を担当した際にも参加。『めちゃ×2イケてるッ！』にも関わっていた。現在は『おぎやはぎのメガネびいき』を担当。

★7 放送作家。『極楽とんぼの吠え魂』ではサブ作家を担当。バナナマンとの関係が深く、〝第三のバナ

加藤　でも、可愛げがあって、愛されキャラだったよね。宮嵜にはいろいろ残っているのかもしれないけど、俺らは悪い印象ってまったくないんだよね。

山本　全然ない。ディレクターが宮嵜に代わって、前のめりな気持ちが伝わってきたのはたしかだね。年齢がグッと下になったんで、深夜帯の人が来たんだなって。だから、ご飯にも行ったんだよね。

宮嵜　僕は『吠え魂』と、雨さんの『べしゃりブリンッ!』でもディレクターになったので、二曜日も『JUNK』をやるって若手ディレクターではほとんどないケースだったんです。

加藤　すごいね。関わったコンビの片方はもう吉本じゃないじゃん。

宮嵜　疫病神じゃないかって（笑）。

山本　でも、今担当しているおぎやはぎはちゃんとしてるもんね。

宮嵜　僕、両方の番組が同時に聴取率一位になってから、ヒゲを生やしているんです。験担ぎで。鬱陶しいエピソードですけど。

加藤　聞きたくなかったな（笑）。

ナマソン〟とも呼ばれ、お笑い芸人のコントライブを多数手掛ける。現在は『バナナマンのバナナムーンGOLD』を担当。

パーソナリティを笑わせればリスナーも笑う

宮嵜　ディレクターになり立てのときに、ツインリンクもてぎ[★8]に山本さんが別の仕事で行ったことがあったんです。僕も現地まで行って、ＤＡＴを担いで山本さんがレースの実況をする音声を録ったんですね。それを編集して、『吠え魂』で流したんですけど、メチャクチャおもしろくなくて……。加藤さんもオンエア中に山本さんに言う形で「なんだ、これ？　ちっともおもしろくねえな」とおっしゃったんですよ。これは完全に僕のせいだと思いました。

加藤　それは違うと思うよ。

宮嵜　それから笑ってもらうための作り方とか、間だとか、音源のどの部分を選ぶかも真剣に考えるようになりました。音素材を作るなら、まず加藤さんを笑わせようと。加藤さんが笑えば、絶対リスナーも笑ってくれる。それを意識して作ると、リスナーからの反応もいいんです。

加藤　宮嵜がそんなことを考えていたとは思わなかったよ。でもね、ツインリンクもてぎ

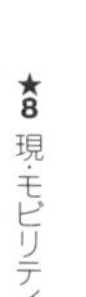

★8　現・モビリティリゾートもてぎ

の件は、山本に対して言っていたと思う。宮嵜には言ってないと思うよ。

山本 たぶんレースに出たんだろうね、俺。ファンの人も来ていて、送ってもらった写真がうちに残ってる。俺がセグウェイに乗ってたんだっけ？

宮嵜 へー面(ヅラ)でセグウェイに乗ってました。やっぱり焦点がぼけてたんですよね。何をしたいのかがハッキリしないままだった。ロケに行って雰囲気だけを伝えるものになってしまって。

加藤 それってさ、ラジオではよくあるやつじゃん。現場に行って、雰囲気だけ伝えるってことはあるよね。

宮嵜 でも、深夜に極楽とんぼが喋るラジオにおいては、どこをおもしろがって、どうやって笑いにするのか、ちゃんと先に目的を頭に入れて録らないとダメだと思いました。

加藤 いや、それは自分の学びにした宮嵜がすごいんじゃないの？「こいつら、腹立つなあ」で終わるテレビディレクターやラジオディレクターはいっぱいいると思うよ。それをプラスの方向に咀嚼したからよかっただけで。そもそも、俺らは宮嵜にこうなってほしいからなんて微塵も思ってなかったし（笑）。

宮嵜 もう一つ、僕が『吠え魂』でお二人に学んだのは、外での中継企画なんです。『吠え魂』が初めてだったので、二時間でどうおもしろくすればいいのか、ノウハウも全然わかってない状態でした。

加藤 まあ、俺らも、基礎的な人間じゃないからな。亜流中の亜流だから。申し訳ないね、最初が亜流で。

宮嵜 いいえ、僕の中でものすごく役立っています。中継ではお台場の潮風公園からの二[★9]時間生放送が強烈に心に残っていて。山本さんがt.A.T.u.[★10]の『Gomenasai』を歌うライブという。

加藤 あったね。リスナー集めて。

宮嵜 基本的に『JUNK』ってディレクターは一人だけじゃないですか。だから、全部一人でやらせてもらったんです。事前に潮風公園に許可申請を出したり、寒いからジェットヒーターをレンタルしたり。朝から公園に行って、ブルーシートで山本さんが隠れる小屋も設営しました。そうしたら、加藤さんが「山本に内緒で、俺も潮風公園の近くからやれないかな」っておっしゃったので、サテライトスタジオも探しました。今考えると、一人のディレクターが切り盛りする規模じゃないというか。ホントに思い出に残ってます。僕の中では無事におもしろくできたのでよかったです。

★9 二〇〇五年十二月十六日放送。山本がプロ野球の順位予想を外した罰ゲームとして、公開生ライブが行われた。

★10 二〇〇〇年代前半に世界的な人気を博したロシア人女性デュオ。日本での1stアルバム『t.A.T.u.』は二〇〇万枚を超す大ヒットとなった。『ミュージックステーション』でのドタキャン騒動はあまりにも有名。

山本　寒かったもんね。
加藤　大変だったな。結構リスナーが集まってくれたんだよね。
宮嵜　たくさん集まりました。終わったあと、リスナーは電車がないだろうから、二十四時間やっているファミレスを調べて、マップを作って、リスナーに配ったんです。
山本　終わったのは深夜三時だもんね。
宮嵜　リスナーから「おもしろかった」という反響のメールがたくさん来て、大変だったけどやって良かったと思いました。
山本　それこそ、俺が百貨店の催事で肉巻きおにぎりを売っていたときも、武闘派リスナー★11がたまに来てたんだけど、地方に「潮風公園に行ってました」という人が何人かいたもん。
宮嵜　外での中継ものでいうと、化けレポート★12も覚えてます。霊能者的な人をブッキングして。
山本　霊能者の人に檜(ひのき)★13が「この子は怖い子だ。どうにもならない」なんてケチョンケチョンに言われて、家の四隅に塩を置かせるみたいな話があったなあ。覚えてる？
加藤　全然覚えてない。俺は、あれを覚えてるんだよ。セクシーアイドルから霊能者に

★11『吠え魂』のリスナーの総称。山本不在の最終回で武闘派リスナーから送られた寄せ書きは、二〇一七年の復活放送でスタジオ内に飾られた。

★12『極楽とんぼ（加藤浩次）の吠え魂』で行われていた心霊スポットを生放送でリポートする企画。矢作兼が常連出演者で、二〇〇七年八月の『吠え魂』と『メガネびいき』によるぶち抜き放送でも行われた。

★13 檜博明。元芸人、元放送作家。当時、吉本興業東京支社に所属しており、極楽とんぼの後輩、ココリコの先輩にあたる。銀座7丁目劇場を中心に活動。

なった子がいたじゃない？　あの子は完全に人の立ち位置を見て前世を言うんだよ。俺がリーダーみたいにやってるから、「加藤さんは片目に眼帯してる、武将みたいな姿が見える」って、独眼竜政宗みたいなことを言って。「こいつは？」ってオークラのことを聞いたら、「うーん……犬？」って言ったんだよね（笑）。あれがおもしろくて。

宮嵜　たしか一緒にいた矢作（兼）さんのことは町の商人と言っていた気がします。

加藤　今は犬が一番出世してるんだよな。

宮嵜　化けレポートの最中でも、中継をおもしろくするために、加藤さんが矢作さんをつねったりするんですよね。

加藤　やってたね（笑）。

宮嵜　それが僕の中に残っていて、だいぶあとなんですが、爆笑問題さんの『日曜サンデー』という午後のワイド番組があって、そこでハライチが赤坂サカスに出て中継する企画があったんです。僕がディレクターをやっていたんですけど、なにも起きずにおもしろい中継にならなかったので、「ああ、そうだ」と思って、加藤さんを真似て僕が澤部（佑）君の腹をつねったんですよ。

加藤　おお（笑）。そうしたら？

宮嵜 澤部君は我慢できずに「イテテテテ」って言って。でも、えらいなと思ったのは、澤部君はそのまま続けたんですよね。「サカスには元気なお客さんがいるみたいで」とか言って。ここでやるべきじゃなかったと思ったんですけど、『吠え魂』で学んだことが今の僕を作っているのは間違いないです。

加藤 そう言っていただけたら、嬉しい限りですよ。恨みしか持たれてないかと思っていたから。

極楽とんぼ経由で伝承された歴代ディレクターの思想

宮嵜 お二人は『吠え魂』で覚えている印象的なことってなんですか？

山本 ゲストに来たあみーゴ[★14]に自転車をプレゼントしたのは印象的だね。記憶がパーッと蘇るもの。新宿の高島屋に自転車を買いに行ったんだもん。

宮嵜 山本さんがあみーゴをバーベキューに誘ったんでしたっけ？

山本 バーベキューの前に食事も一回誘ってる。そうしたら、「ぜひ」って言うから、自

★14 歌手である鈴木亜美の愛称が「あみーゴ」。二〇〇四年五月、『吠え魂』にゲスト出演。スペシャルウィークの企画として「あみーゴ総選挙」も行われた。

由が丘の小料理屋さんに行ったんだけど、お店に入ったら、あみーゴとお母さんと妹さんの三人いて。あのときは気に入られようと、メチャクチャ喋ったなあ。

宮嵜 加藤さんはなにか覚えてますか？

加藤 宮嵜は三代目でしょ。初代の今村さんはホントに俺らに優しくて、もう100％味方でいてくれるディレクターでさ。俺らもやりやすかったし、今村さんに甘えてたのね。その次が砂原さん。ベテランの人だったから、「こんなオッチャンが俺らのことわかるの？」って思ったの。砂原さんは何回か俺らのラジオを黙って聴いてて、「加藤君と山本君で、好きなだけ喋ったほうがいいよ」って言ったんだよ。「時間になったら終わりって言うから、自由にやって」と。それでフリートークを長く喋るようになったの。

山本 うんうん。砂原さんからは一時間喋りだな。

加藤 昔の『オールナイトニッポン』とかではあったけど、当時は一時間まるまるフリートークなんてなくなりつつある時代で。それなのに「喋っていい」って言われると、こっちも覚悟するんだよね。不安もあるし、恐怖もあるし、上手くいったときは嬉しさもある。演者って任せられると、やらなきゃって気持ちになるから、随分と変わったんだよね。やってても楽しくなったし、「これがラジオだな」という感覚が俺の中にはあって。そこから宮嵜になったじゃない？　当時は砂原さんと比べたらえらい年齢差でしょ。

宮嵜　はい。

加藤　俺らの中では、今村さん、砂原さんで中身が固まって、そこから宮嵜になったから。「勉強させていただいた」と言ってくれるのはありがたいんだけど、結局一番いいとこ取りをしたんだと思う。俺も宮嵜にはこうしたほうがいい、ああしたほうがいいって結構言ったと思うんだけど、それは今村さんの愛情と砂原さんが任せてくれた部分から来てるから。その両面が合わさったときに、宮嵜に繋がったから、たぶん一番いい形になったのかなと思う。

宮嵜　なんとなくお二人の中でラジオへの向き合い方が決まって、これからおもしろくしていこうとしたところから、僕はやらせてもらえていたんですね。

加藤　そうそう。ディレクターが優秀だとか、優秀じゃないとか、いろいろ言う人がいるけど、やっぱり相性なんじゃない？　相性とやる時期だと思うんだよね。例えば、『めちゃイケ』[★15]の片岡飛鳥[★16]さんと俺らって『とぶくすり』からの関係だったから、もう絶対的な存在でしょ。でも、俺らが四十歳ぐらいになってから会ってたら、「うるせぇ

★15　「めちゃ×2イケてるッ！」。一九九六年十月から二〇一八年三月までフジテレビで放送されていたバラエティ番組。極楽とんぼの他、ナインティナイン、よゐこ、オアシズらが出演していた。『とぶくすり』は『めちゃイケ』の前身番組で、一九九三年に半年間放送。

★16　元フジテレビプロデューサーで、『めちゃ×2イケてるッ！』の総監督。

な」ってなってる可能性があるからね。

山本 『めちゃイケ』に俺らがゲストで行ったら、わからなかったかもね。「なんでそんなことまで言うんだ」ってなってたかもしれない。

宮崎 もしかしたら、僕が番組を最初からやっていたら、違っていたかもしれないですね。僕も運が良かったなと思います。

加藤 演者ってズルいもんでさ、ホントにスタッフと相性が悪いと心を開かなかったりとか、ちゃんとやらなかったりするでしょ？ でも、相性が合うと100%の力を出させてもらっているという感覚にもなるし、そこって物作りで一番大事なところのような気がするんだよね。特にラジオなんか密だから、スタッフとの距離感や関係性って番組にすごい出るもの。

宮崎 僕が強烈に覚えているのは、「吠え魂」と切っても切り離せない「フェイバリットソング」[★17]なんです。ヘラヘラ歌うのではなく、真面目に魂を込めて歌うことがおもしろくなるっていうのも、僕の中では初めて知った感覚というか。

山本 歌ってくれなかった人っていたっけ？

宮崎 大概は歌ってくれました。

★17 『吠え魂』では、必ずゲストに一番好きな曲を真剣に魂を込めて歌ってもらう決まりがあった。大物ゲストや学者などもアカペラで歌を披露。年末には「吠え魂歌謡大賞」も開催された。

加藤 昔、矢作とかとみんなでカラオケ行っているときに、上手く歌おうとしているヤツがいると、俺が曲をバンバン消しててったの。それで、もう一回頭から歌わせるっていう遊びをしてたのね。女の子とコンパをやっても、「上手く歌おうとしてんの？ 真剣に歌わなきゃダメだよ。気持ち入れろ」って言って。下手な子は照れ隠しでちょっとふざけたりするじゃない？ そうしたら、「下手でもいいから、真剣に歌うんだよ」って。そういうことをしょっちゅうやってたの。下手でも一生懸命歌ってるのって、俺が一番好きな笑いなんですよ。おちょけた感じじゃなく、ド真面目にやるっていう。極楽とんぼの喧嘩も、出てきたときに「これマジじゃねえの？」って思わせる空気を作って、それが緩和したときに一番おもしろくなるから。そこからなんだよね。

Eメールが生んだ武闘派リスナーとの関係性

宮嵜 『吠え魂』を放送しているころにちょうどEメールが出てきたんですよね。ハガキやFAXじゃなく、Eメールで投稿できるようになりました。

加藤 ちょうど変わり目だったよね。

宮崎 その変わり目で、『吠え魂』はパーソナリティとリスナーの新しい関係を作れたと思うんですよ。番組では武闘派リスナーって言いましたけど、それまでのリスナーとの関係性って、深夜ではパーソナリティが兄貴的なところがありました。そこで、即時にリアクションが来るEメールができてから、『吠え魂』では〝山本さんvs加藤さん&リスナー〟という構図が生まれて、リスナーから「おい、ブタ」「おい、山本」と言ってくる関係性ができたなって思うんです。今でも「おい、○○」みたいな形はありますし、新しい文化を作ったんだなって。

加藤 あれって突発的にできたものだよね。俺も覚えてるんだよ。俺が何かの件で「お前やれよ」みたいなことを山本に言ったんだよね。そうしたら、山本が「リスナーなんて嫌いなんだよ」って言いだしたんだよ。だから、「おいおい、ちょっと待てよ」と。「このラジオ聴いてるリスナーはホントに武闘派なんだよ。ラジオ界の中で武闘派が集まっている番組なんだから、お前えらいことになるぞ」みたいに言ったんだよね。

山本 加藤が煽ったから。

加藤 それで武闘派リスナーになりすましてて、みんながおもしろメールを送ってくれるようになったんだよね。

宮崎 きっとリアルでは根暗なキャラなのかもしれないけど。

山本 俺がお休みしてから戻ってきたとき、宮崎県でやったラジオの一発目に、武闘派リスナーからの「おい、山本」が多すぎて困ったんだよね。俺一人の番組だし、他にパーソナリティもいねえし、そういうメールを自分で読むことができなくて。全部カットして、やわらかいものだけ選んでた思い出があるもん。「おい、ブタ。帰ってきたな、コノヤロー、何してんだ、バカヤロー」みたいなのが多すぎて、一人のラジオには全然合わねえやって。今もたまに来るから、それは誰かに読ませたりしてるけど。どこでもだよね。舞台に行こうが、何に行こうが、「武闘派リスナーでした」っていう人が必ず来る。

加藤 「『吠え魂』聴いてました」って言われるんじゃなくて、「武闘派リスナーです」って言うヤツが多いよ。

山本 でも、どう見ても武闘派じゃないの（笑）。そういう子がほとんどだね。

宮崎 Eメールだと気軽だし、お金もかからないし、手間も省けるし、ラジオに大きなものをもたらしたなって感じました。

★18 『極楽とんぼ山本圭壱のいよいよですよ。』。コミュニティFM局・宮崎サンシャインFMで現在も放送中。山本が芸能活動を再開した際、二〇一五年五月五日の同番組初回がメディア復帰の場となった。

山本 前もってハガキを書く必要がなくなったって人が多くなったもんね。

加藤 これからは来たメールをその場でどんどん読んでいくようになるんだなって印象はあったと思うんだよね。でも、そこは全部一長一短なんだなとも思って。ライブ感はすごい出るし、双方向な感じもすごい出るんだけど、じっくりネタを考えて、ネタハガキに思いを込める感じはなくなったよね。

宮嵜 そうですね。ハガキだと手書き中心ですし、スペースも決まってますから。メールだったら「これもどうかな?」って思うようなネタでも送れますから、一球入魂感はハガキのほうが確実にありました。

極楽とんぼ×宮嵜守史で新たに番組を作るなら

宮嵜 また番組でご一緒することができたら、僕は『吠え魂』の感じでトークをしてほしいです。一週間過ごして思ったことだとか、世の中の出来事だとか。やっぱり僕は『吠え魂』のオープニングトークが今でも好きなので、トーク中心にしてほしいと思ってます。

加藤　当時は俺らが企画を考えて、「これやろうよ」と伝えて、宮嵜が動いてくれるという形だったけど、またやるなら真逆をやりたいね。宮嵜の発注に全て俺らが従うっていう。「嫌だよ」は一切なし。当時の立場が逆転する形をやってみたい。自分らで作りたいという欲求から、歳を重ねてくると、泳がされたい欲求も出てくるんで。今だったらそっちかな。

宮嵜　『吠え魂』の企画は加藤さんとメチャクチャ細部まで考えた記憶がありますから、加藤さんが人の考えた企画に全部乗っかるなんて信じられないですよ。山本さんはどうですか？

山本　俺も泳がされたい人間なんで。加藤がスタジオにいて、こっちは二時間ずっとずっとロケに行くのがいいね。「どうですか、そちらは？」と聞かれたら「こちらはですね」って説明したりして。二時間でどこからどこまで行くとか決めたりするのがいい。「最終的には帰ってきてください」ってなったら、「間に合わなかったらすいません」っていう。

加藤　宮嵜に聞きたいんだけど、今のラジオって自由度はなくなってるの？

宮崎　あのころと比べたらなくなりましたね。radikoのタイムフリーもSNSも便利ですけど、誰でも切り取ってSNSに上げられるので、「実際に聴いてない」「深夜だから」という言い訳はもう一切できないですし。そのぶん、守りに入る人は守りに入るし、あんまり変わってないのはおぎやはぎぐらいだと思います。

加藤　まあ、それはしょうがないよ。できないことも多いだろうし。

宮崎　今はradikoのアプリがあるから、スマホの中にラジオが一台ずつあるのと変わらないじゃないですか。だけど、スマホの中にはNetflixもあるし、YouTubeもあるし、音声アプリもあって、強敵がメチャクチャいる。普通に考えたら、ラジオは選ばれないんじゃないかって思ったりするんですけど、ラジオを選ぶ人は一定数いますよね。なぜみんなラジオを選んで聴いているんだと思いますか？

加藤　自由度が高い分、ラジオってその人が出るよね。映像のあるテレビがあとから生まれて、凝った企画をドンドン進めていったから、反対にラジオが衰退したわけでしょ。でも、そのテレビがある程度マックスのところまでやるべきことをやっている状態になって、「テレビってこういうもんだ」というのをテレビ側で決めちゃってるから、逆にラジオに戻ってきていると思う。結局、時代は回るから、今度はテレビがどうなっていくのか気になるね。ラジオもスポンサーがいなくて、もうダメだって時代もあったから。ラジオは緩い中でもずっと演者に「覚悟させる」ことをやっていってほしい。テレビではみんな保険を打つから。

宮嵜 山本さんはどうですか？

山本 今はコミュニティFMとか、ものすごくいっぱいラジオ局があるじゃない？ 聴こうと思えば、商店街のちょっと話上手のオジサンが二時間喋っている番組まで聴けちゃう。キー局でやっている番組も含めて、そのときの肌感覚だったり、状況だったりも伝わってくるから、皆さんに寄り添えるものになりつつあるのかなと思うんだよ。知らないオジサンのラジオを五十人でも百人でも二百人でもずっと聴いている方は聴いているんで、みんな欲しがっているのかなって感じる。

宮嵜 加藤さんも山本さんも言うように、ラジオはホントに素が出るし、人柄や人間性みたいなところが出ちゃうものだと僕も思います。人柄が垣間見えるメディアって他にあんまりないなって。

加藤 ないね。テレビだと今はリスクヘッジもちゃんとできてるから。まあ、ラジオもできているんだろうけど、でも絶対こぼれるよね。

宮嵜「あ、こいつってあんまりいいヤツじゃないな」みたいなところすらわかっちゃうというか。そういう"人(ニン)"が出るメディアだと思うから、そこが今となっては強みになってるのかなって感じますね。お二人はまさに人で勝負している感じがします。『吠え魂』のころを思い返しても、今でもそうですけど。今日お会いして、あらためて素っ裸で闘っていらっしゃるのはカッコいいと思いました。

加藤 俺らは他に武器がないからね（笑）。

やっぱり極楽とんぼは怖かった！

緊張して準備したことの三分の一も話せなかった。

二十六歳。駆け出しディレクターだった自分に一瞬にして戻った。ＣＭ中、色つきメガネでじっと見られていたあの時間と気持ちが蘇った。

対談をさせてもらった過程で自覚した。僕は極楽とんぼに認められたくて必死だったんだ。

極楽とんぼのラジオは、今思えば革新的だった。リスナーとの新しい関係性を築いた。パーソナリティをいじるノリができた。パーソナリティに金品をたかるノリもできた。

極楽とんぼのお二人は、真剣に物事に取り組むことやゲストとのヒリヒリする時間をエンターテインメントに変えた。「吠え魂」には、けんか芸と呼ばれる極楽とんぼの真骨頂が詰まっていた。文字通り魂が詰まっていた。

加藤さんなら「絨毯論争」。山本さんなら「ニラ武蔵」……。武闘派リスナーのためだけにもっともっとマニアックな話を、と思いつつ時間切れ。

最後に当時、僕が書かせてもらった「極楽とんぼの吠え魂」最終回の放送後記を武闘派リスナーさんへ向けて掲載します。

「吠え魂」最終回の放送後記（一部抜粋）

ちゃんこ屋のおばちゃんに悪魔に見られても、

メキシコでベビーカー盗まれても、

クリーニング屋と絨毯でモメても、

俺は、ワニになりてぇ……。

「極楽とんぼの吠え魂」は、二〇一〇年四月二日をもって

十年の歴史に幕を閉じました。

「あいつらを絶対外に出すな」とお達しが来たときもありました。

「いいからとにかく謝らせろ」と言われたときもありました。

そんなやっかいものが十年という長きにわたって続けられたのは

支えてくださったリスナーの皆さん、

そして、そんな皆さんを釘付けにする極楽とんぼの魅力（だと信じてます）。

この人たちのやること、なんか目が離せないという感じでしょうか。

その極楽とんぼによるリスナーへの不器用なコミュニケーションが

武闘派リスナーを生み出し、パーソナリティに金品をたかり（主にパンフレット）、

罵声をあびせ、なじる。

ある日、iPodを耳にあてた人がいなくなり一旦、ドボン。

ちょっと経って白ソーセージがへー面（ヅラ）こいて一人で復活。

十年の間に、こんなにいろいろあった番組、他にないと思います。

そのぶん、好きで聴いてくださっている皆さんには気をもませてばかり……。

あいすいやせん。

頭のいい人がしゃべる番組は数あれど、バカになりきり、
これだけ言葉遊びできるラジオのパーソナリティはなかなか居ません（多分）。

長くなりましたが、最終回に全て吐露し、リスナーに素っ裸で向き合ってくれた
極楽とんぼ加藤浩次さん、本当にありがとうございました。
仕事とはいえ忙しい中、毎週全力、足かけ十年、本当にお疲れさまでした！

そして、それを素っ裸で聴いてくれた（多分）リスナーの皆さん、
愛ある罵声を毎週毎週、本当にありがとうございました！

極楽とんぼ、バンザイ!!

雨上がり決死隊べしゃりブリンッ！

雨上がり決死隊のお二人が大阪から上京してきて二〇〇二年に初めて持った冠ラジオがこの番組。最初は日曜日の深夜三十分。その後、土曜日の深夜に移るなどして、二〇〇四年に「コサキンDEワァオ！」の後を継いで水曜JUNKとなった。

僕は番組開始から半年遅れくらいでこの番組に加わった。例の〝鳥肌実・地獄のデビュー〟をして少し経ったころだ。プロデューサーは大恩人こと菊地さん、ディレクターは「爆笑問題カーボーイ」の小塙さん（僕は小塙さんに仕事のイロハを全て教わった）。見習いディレクター的な立場で小塙さんの後任として就いた。作家は渡辺あつむ（現・桂三度）さんだった。

雨上がり決死隊は、フジテレビの深夜バラエティ「ワンナイ」で大人気。それ以前は吉本印天然素材でも大ブレイク。今をときめく人気芸人さんと初めてのレギュラー番組。しばらく緊張しながらの収録が続いた。

さらにお二人が多忙のため一回の収録で一気に三本録ることもあった。コンスタントにコミュニケーションを取れずにいた。なので三十分番組の時代はお互いよそよそしい間柄だった。月に一度か二度会うだけ。番組の内容としても流れを作りにくい状況にどこか機械的に仕事をしている気分さえした。


ところが番組一〇〇回を機に番組も僕も少しずつ変わっていく。

放送一〇〇回の記念にリスナーをスタジオに招待した。十数名のリスナーの中に超ヘビーリスナーのラジオネーム「定吉さん」がいたことから、流れで急遽「誰が本物の定吉か」という企画になった。

雨上がり決死隊と作家の渡辺あつむさんの機転だった。参加リスナーと雨上がり決死隊の掛け合いに笑いが生まれ、最終的には〝ダンロップのスニーカーを履いているから〟という理由で見事、本物の定吉さんを特定し、収録は大爆笑で終わった。

熟考して作るネタとは別にその場の流れや空気を察知しておもしろいものを作っていく嗅覚。雨上がり決死隊と渡辺あつむさんは僕にとってバラエティの先生だった。

番組でいろいろなことにチャレンジして成功や失敗を積み重ねると信頼関係が生まれてくる。当初のよそよそしさもなくなり、いつのまにか雨上がり決死隊の二人と普通に話せるようになっていた。

大きな転機が訪れたのは二〇〇四年。「雨上がり決死隊べしゃりブリンッ！」がついにJUNK枠に昇格した。ひと足先に金曜JUNK「極楽とんぼの吠え魂」のディレクターをしていたものの、水曜日ってのが重かった。自分自身もリスナーだった「コサキンDEワァオ！」の後釜というプレッシャーが半端なかったから。

二〇〇四年九月三十日の初回放送では蛍原さんがリスナーに結婚報告をして、山崎邦正（現・月亭方正）さんが生乱入して盛り上げてくれた。投稿コーナーにも一週間で二〇〇〇通を超えるハガキとメールが届いた。手ごたえを感じつつ、自身二つ目のJUNKディレクターということで、尖って調子にのっていた。

バチがあたったのだろうか、偶数月にやってくる聴取率調査週間。「雨上がり決死隊べしゃりブリンッ！」の記念すべき最初の聴取率は0.1。……爆死。当時の深夜帯は整数（1.0）を取るような番組もあったので爆死レベルはおわかりいただけると思う。調査週に台風が来ていて、NHKがダントツに数字を伸ばしてはいたのだけど、それを加味しても面を上げて局を歩けないような結果だった。

何がいけないのか、どこがダメなのか、そればかり考えていた。ある日、「伊集院光 深夜の馬鹿力」のプロデューサーでありディレクターの池田卓生さんから「アメトーークがおもしろいのは二人がゲストを活かすうまさにあると思う。ゲストを呼ぶなりして、二人が活きることを考えたら？」とアドバイスをいただいた。

確かに三十分時代の一〇〇回記念も、リスナーとのやりとりから生まれたことを途端におもしろくしていた。たまに来るゲストとのやりとりも軽妙だった。人だけじゃなくて、投稿に対するリアクションも即座でかつおもしろい。お二人はどんな球でもタイミングを合わせてバットにミートさせる力があった。アドバイスを参考にしながら、雨上がり決死隊の二人に球を投げ続けた。

優しさの奥に秘めた狂気
蛍原徹さん

僕が雨上がり決死隊のラジオに感じていたのは、〃蛍原さんが抜群におもしろい〃こと。

テレビでは宮迫さんのフォロー役にまわる〝じゃない方〟的な立場が多いが、ラジオだとお構いなしに羽を伸ばす。そしてその羽の伸ばし方がクレイジーで楽しい。

今や「じゃない方芸人」なんていう言葉は死語だと思うけど、僕は昔で言う「じゃない方芸人」にラジオというメディアとのシンパシーを感じる。テレビやネットを含めるとラジオは「じゃない方メディア」だと思うし。

ハライチの岩井勇気君、三四郎の相田周二君、オズワルドの畠中悠君。一見目立たない方がラジオで光ると、そのコンビは途端に奥深くなり、番組の魅力の一つとなる。当然、目立つ相方がいてこそなんだけど。

蛍原さんが「パクチパクパク」という謎のフレーズを放送で多用していたときのこと。意味不明すぎるけど蛍原さんは当たり前のように「パクチパクパク」と言う。逆になんで伝わらないの？　みたいな顔をする。

では巷(ちまた)の人々に意味が通じるか確かめる企画をしようと話し合った。

蛍原さんが街に出て、人々に「パクチパクパク」と挨拶する。即答で「パクチパクパク」と返事してくれる人（＝共鳴してくれる人）はいるのか？　という実験ロケ。

蛍原さんと僕でＤＡＴを担ぎ、浅草や秋葉原に出かけた。

開口一番「パクチパクパク！」と街の人に声をかける。五十人以上話しかけて、数名が即答で「パクチパクパク」と返してくれた。ただ僕にとって結果はそれほど重要じゃなかった。テレビでMCもする雨上がり決死隊の蛍原徹が浅草寺やメイドカフェに出かけ、頭のおかしいロケをしてきたという事実が重要だった。テレビの売れっ子がラジオにも全力投球している姿を示すことが大切だった。

蛍原さんがクレイジーモードに入るとき、必ず宮迫さんは「常人」としてリアクションしてくれる。それゆえ言動の異常さや物事のズレ具合が際立って、リスナーの視座が守られる。宮迫さんと一緒になっておもしろがることができる。

「アメトーーク！」の「バイク芸人」で蛍原さんがゲスト出演者のバイクにおかしな乗り方をして、宮迫さんに「ボケは一日一回まで」とツッコまれるシーンを記憶している人はいるだろうか。あの蛍原さんがラジオではたくさん出る。

蛍原さんには意味不明なコーナーがとてもマッチした。代表的なのは、蛍原さんが馬と話すコーナーだ。あらかじめ馬の鳴き声の音源を何パターンか用意してこちらが適当に出す。猛々しい「ヒヒーン！」もあれば、寂しそうな「ヒヒ〜ン」もある。

馬の鳴き声のテンションに合わせて蛍原さんが「うんうん」とか「え！　そうなの？」とかリアクションして馬と語らう。もちろん宮迫さんのツッコミがあって初めて成立するんだけど、僕はこのコーナーの蛍原さんが大好きだった。

最終的に蛍原さんは、花粉症の薬を入れるポーチ、通称「花粉ポーチちゃん」と話し始めた。自分でポーチのチャックを開け閉めして、その音と会話するのだ。

「パクチパクパク」もそうだけど、蛍原さんには独特の世界観があった。そうかと思えば愛妻家の面もある。何かの記念にフレンチレストランに出かけ、そこで出されたウサギのステーキを見て奥様が号泣してしまった話はとても印象深いトークだった。

そして蛍原さんは、人情味があって面倒見のよい常識人という側面もある。一つ思い出がある。

バッファロー吾郎さんがキングオブコントで優勝したときだ。盟友の雨上がり決死隊をはじめ、ゆかりのある人が本気で優勝を讃えたら感極まって泣いてしまうのではないか、という、うっすらバッファロー吾郎さんへのドッキリ要素を含んだ企画を行った。仕掛け人として相思相愛の後輩、友近さんに来ていただいた。

この企画は、終始フワフワしたままでグチャグチャに終わった。

まず、先に宮迫さんが泣いてしまったのだ。それはそれで番組としてはよかったのだけど、問題は他にあった。

バッファロー吾郎さんからしたら、盟友である雨上がり決死隊、可愛がっている後輩の友近さんから労われたらそりゃありがたい。だけど、初めて出る他人の番組だし、縁もゆかりもない……。とうてい泣けるシチュエーションではなかった。

仕掛け人の雨上がり決死隊も友近さんも、どうパフォーマンスしたらよいのか迷ってしまった。それはつまり、舵取り役の僕が企画の目的と各出演者の役割をはっきりさせずに進めてしまったためだ。全身が震えるほど「やってしまった！」と後悔して、反省した。

放送後、尊敬しているバッファロー吾郎のお二人に対する申し訳ない気持ちで落ち込む友近さんを、蛍原さんがずっと慰めてくれていた。僕は恐る恐る友近さんのもとへ行き、誠心誠意お詫びをした。すると蛍原さんが間に入り優しくフォローしてくれた。そのおかげで友近さんとは以来、気の置けない仲となった。

あのとき、蛍原さんのフォローがなかったら、友近さんはまた僕と仕事をしようと思ってくれなかったと思う。

クレイジーで人情味がある蛍原さんは、今も年賀状のやりとりをしてくださる。ここ数年、全然会えていないけど、いつも心は通じていると一方的に思っている。

ギャラクシー芸人 宮迫博之さん

宮迫さんはとにかく器用だった。

「二度見のコーナー」という「思わず二度見してしまったこと」を送ってもらうコーナーがあった。やがて原型がなくなり芸能人いじりのコーナーに変わっていくのだけど、宮迫さんは多種多様な芸能人が出てくるネタメールを器用に雰囲気でモノマネして読む。特徴を捉えるのがうまい。このコーナー一つで毎週二〇〇〇～三〇〇〇通のメールが来ていて、宮迫さんは早めにスタジオに入って黙々と採用メールを選んでいた。

宮迫さんで印象的だったのは、餃子の王将から全編生中継をした回。雨上がりのお二人が大好きな餃子の王将。番組で王将の話が出ないときの方が少ないくらい。王将さんのノリの良さで、深夜一時～三時まで貸し切り状態で生放送した。

一時の時報明け、番組冒頭は、「ジュ――――!!」っと餃子を焼く音から入る。宮迫さんが焼きたてを一口食べて「うまい!!」と叫ぶ。当時はまだ「飯テロ」なんていう言葉はなかったけど、明らかな飯テロだし「ＡＳＭＲ」だ。

王将から生放送する目的はお二人が好きっていうだけではなく、それまでさんざん番組でネタにしてきた宮迫さんの奥様についての検証もあった。奥様の尻に敷かれ、料理や買い出しを頻繁にやらされる、と番組で笑い話にしていた。なので宮迫さんが当時住んでいた自宅から一番近い店舗をお借りした。

生放送中、宮迫さんは王将を出発して自宅に向かう。王将の蛍原さんと中継を繋ぎ、リスナーから寄せられた指令を実行する。奥様が大事に使っているカーテンを留める洗濯ばさみを「パチン」と鳴らし、持ち帰ってリスナープレゼントにした。

最難関は、寝ている奥様に話しかけるミッションだった。恐る恐る寝室に入り、「ただいま……」という宮迫さんに対し、「牛乳買ってきて」と即答する奥様。続けて「……パンも」と要求される。

これはまさに奇跡の音源。宮迫さんはバラエティの申し子だ。

王将の回のように「雨上がり決死隊べしゃりブリンッ!」では、リスナーと時間だけでなく〝秘密〟も共有して一緒に番組作りをした。

二時間、相方にドッキリをかけ続ける企画は、リスナーも仕掛け人になった。

ラジオネーム「西区のすみちゃん」という名物リスナーを東京に呼んで宮迫さんと生中継でデートしたときも、リスナーから指令をもらった。

深夜放送につき、たまに起こるスタッフの居眠りをあえて放置して生放送を始め、寝ているスタッフにどんな罰を与えるかリスナーに提案してもらった。

宮迫さんが免許を取ればどんな車を買ったらいいかリスナーに聞いた。その結果、ディーラーをやっているリスナーの店で車を購入した。

「雨上がり決死隊べしゃりブリンッ!」は、いつもリスナーと共にあった。


そしてフットワーク軽くなんでもやってみた。真裏で放送していたJ-WAVEのトータス松本さんと生電話したり、テレビ朝日「堂本剛の正直しんどい」と同時間帯で生放送した。極めつけはテレビ朝日「アメトーーク!」とも二回にわたりコラボさせてもらった。

プロデューサーの加地さんを招いてリスナーの考えた「○○芸人」というくくりのアイディアをぶつけ、実際に「アメトーーク!」で放送された。「小木憧れ芸人」と「黒沢ナイト」がそれだ。ラジオ番組でリスナーが考えたアイディアを超人気テレビ番組のプロデューサーにプレゼンし、それが実際に放送される。僕がリスナーだったら自分の案でなくても高揚したはずだ。

リスナーを主役にできて、リスナーの投げかけや提案に柔軟に対応する。それは雨上がり決死隊じゃないとできないことでもあった。売れているのにおごることなくリスナーといつも同じ目線でラジオをしていた。

二人のパーソナリティとしての能力はリスナーと一緒に遊べること。そしてリスナーを主役にできることだ。この「リスナーと一緒に番組を作り上げる懐の深さ」もラジオパーソナリティにとって重要な要素の一つ。

僕もリスナーと一緒に作った感覚があるからこそ、今でも「ブリンッ!」リスナーのラジオネームは余裕で二十人くらいそらで言える。

先日、森三中・黒沢さんのYouTubeチャンネルに出演させて頂いた。「べしゃりブリンッ!」のヘビーリスナーだった黒沢さんの僕に対する当時の印象は、〝とにかくギラギラした前のめりなディレクター〟だったそうだ。

確かに雨上がり決死隊から「イキリー宮嵜」と呼ばれるほどイキっていた。二人に対し、球を投げ込め、球を投げ込め、と呪文のように自分に言い聞かせていた。

ラジオ番組はいつか終わる

番組終了の決定は突然だった。池田プロデューサーから終了のお知らせを聞いたとき、真っ暗な底なしの空間に落ちる感覚だった。お先真っ暗。悔しくて悔しくて仕方なかった。終了が決定してからは普通に放送していると心が持たないと思った。とにかく手を動かしてないと落ち着かない感じ。だから最終回のちょっと前、僕の自宅から生放送を提案した。考えることがたくさんあれば番組終了という残念な事実を少しだけ忘れられる。

三十五年ローンで買った亀有の新築マンション。中継が始まるなり雨上がりのお二人は「廊下が傾いてる」などケチをつける。我が家に入ると傍若無人ぶりが加速。いたるところに落書きをして、妻の作ったカレーを食し「味がしない」といじり倒す。リスナーも一緒になっていじってくれた。

もう終わる番組の開き直りとでも言おうか。雨上がりのお二人は、ここでもやっぱりその場で起きたことを拾い上げて笑いに変える。三十分時代の一〇〇回記念で教えられたことだ。我が家で暴れまくるお二人が最高にカッコよくておもしろかった。

最終回も大山英雄さんをはじめ名物キャラに電話をかけ、バタバタな二時間。しんみりモードなしで駆け抜けてくれたギャラ兄とノン兄。

最終回の放送後、TBSに数名のリスナーが集まってくれていた。雨上がり決死隊のお二人も入って記念写真を撮った。打ち上げで食べたアヒージョで口をやけどして「熱っ！」と、悶えた勢いでなんか自然と泣いてしまった。

どんなに頑張っても、どんなに愛し愛されていてもラジオ番組はいつか必ず終わる。番組を作る側として番組終了時にいつも突きつけられるのは、もっとやりようがなかったか、という悔恨。そして自身の性格や自意識が番組作りにおいていかに不必要かということ。人見知りだから出演者とうまくコミュニケーションが図れなかった。もじもじして引っ込み思案だから自分のしたいことが主張できなかった。面倒くさがりだから込み入った企画はやらなかった。

僕は元来、面倒くさがりで人見知りだけど番組が終わってしまうことを考えたらそんなもの邪魔でしかない。「べしゃりブリンッ！」の終了がそのことを教えてくれた。

午後ワイド「ストリーム」内の中継コーナー「本屋さんへ行こう」

初めて中継ディレクターをさせてもらったときの話。

毎週都内の書店から落語家の林家ぼたんさんがリポートする。本の陳列方法やレイアウト、その書店の特徴や客層など概況に触れる。最後に店員さんに登場していただき、その方のおすすめの一冊を紹介してもらう。

中継はなかなか面倒で、まず事前に現場でどれくらい電波の授受ができるかを測定しに行く。「電測」って呼んでいる。うまく受けられる場所であればＮＴＴに簡易的な工事をお願いして中継機器を取り付けて本番に臨む。

うまく電波が取れない場所は「モバスタ」や「テレフォンリポーター」と呼ばれる機器で、電話回線を用いて中継する。この電話回線での中継は音質が電話なので周囲の音を拾いにくい。なので、外に中継に来ている臨場感があんまり出なくて苦労する。今は機器も発達して、スマホやタブレットで容易に中継できる。便利だ。

ラジオの中継なんて全くわからなかった僕は、ある日こっそり毒蝮三太夫師匠の「ミュージックプレゼント」の現場をのぞきに行った。「カランコロン」と音がしていたので下駄を履いて中継しているのはラジオを通してわかっていた。のぞきに行った日も下駄だった。

中継が始まると、まずスタジオの大沢悠里さんとアイドリング的な掛け合いをする。しばらくして今日の中継のために集まってくれた人たちのもとへあれこれ言いながら下駄を鳴らして歩み寄る。ここまではいつもラジオを通して聴いている流れだ。

しかし、その日の現場は人がいるところまでストロークがあまりない。どうするんだろうと思ったら、師匠はその場で「カランコロン」と足踏みしていた。現場は下駄を履いたおじいさんが喋りながら足踏みをしているというシュールな状況。なんだけど、ラジオで聴くと師匠の〝歩み〟を感じる。

いやぁ〜これマジでラジオだな……と、ヒントを得る。

放送二回目か三回目くらいで行った書店。おすすめを紹介してくれた店員さんが、今の妻です。午後ワイドでよくあるメールの締め方！

第3章
パーソナリティが
育ててくれた

ぼそっと真理をつく おぎやはぎ

語り口や見た目、ネタやキャラクターがどこかほのぼのしているおぎやはぎ。僕は二人の全てが大好きだった。いつかこの二人と仕事をしてみたい……。結果、この仕事を始めて最も付き合いの長いパーソナリティになった。

初めて出会ったのは「お笑いＤＯＪＯ」のネタ見せ。その後、矢作さんとは「極楽とんぼの吠え魂」で時々仕事をしていた。

飄々(ひょうひょう)としたキャラクターだから無責任で信念も信条もないように見える。ところがそれは単純に人柄が穏やかというだけ。二人の言葉は不意に真理をつく。そういうコンビだから辛辣な発言が炎上しないのかもしれない。

おぎやはぎには得も言われぬ不思議な魅力がある。

TBS RADIO
7
対談
おぎやはぎ
小木博明・矢作兼
×
宮嵜守史
俺たちの良さは、
まわりのみんなが
「どうにかしないと」って
思うところ。

番組開始前に矢作が言った衝撃的な言葉

宮嵜　『メガネびいき』がスタートしたときのことを覚えてますか？

小木　事前に顔合わせってあったっけ？

宮嵜　いたのは、矢作さんだけだったかもしれないですね。

小木　それ、聞いたことある。オークラとヒゲちゃん[★1]と矢作でやったんじゃない？

宮嵜　池田さん[★2]もいました。レギュラーが始まる前にジンギスカン屋で食事会があって。

矢作　へぇ〜、そんなのあったんだ。

小木　あったんだ、じゃないよ（笑）。

宮嵜　もっと前で言うと、僕は矢作さんと一度か二度仕事したことがあったんですよ。『極楽とんぼの吠え魂』の「化けレポート」で。僕は途中から『吠え魂』に入っているんですけど、矢作さんがマネージャーさんをつれないで、リュックを背負ってTBSに来てたのは覚えてます。

矢作　よくわからないんだけど、あのときってさ、ヒゲちゃんって何年目ぐらいなの？

★1　本書著者・宮嵜守史の愛称で、外見から命名。他にも『爆笑問題カーボーイ』では「ザキミヤ」、『バナナマンのバナナムーンGOLD』では「フィアーザ」、『雨上がり決死隊べしゃりブリンッ！』では「イキリーさん」と呼ばれるなど、多数の愛称を持つ。

★2　池田卓生。元JUNKプロデューサー。現TBSラジオ執行役員。

宮嵜 四年目とか、五年目じゃないですかね。二十六歳ぐらいから『吠え魂』のディレクターをやっているんで。

矢作 小木とは『メガネびいき』が始まることになってから初めて会ったの？

宮嵜 たぶん「お笑いDOJO」のネタ見せで見かけたくらいです。

小木 俺は極楽（とんぼ）のラジオに出てないからね。たぶんそう。

宮嵜 当時、『JUNK』の時間帯のあとに、深夜三時〜四時で『JUNK2』という帯番組を作ると池田さんから聞いて、「じゃあ、僕も企画書を出していいですか？　おぎやはぎで出したいです」って言ったんです。当時、マネージャーだった玉川大さん[★3]に連絡して、「『JUNK2』って枠ができるんで、おぎやはぎの二人で企画書を書いていいですか？」と確認しました。そうしたら、「どうぞどうぞ」という感じでした。

小木 へえ〜、そんなことだったの。ありがとう。

矢作 書いてくれてありがとうね。

宮嵜 でも、『JUNK2』は結局ダメだったんです。

矢作 えっ、ダメだったの？

小木 俺、全然覚えてないからさ、そこから始まったのかと思った。

★3 おぎやはぎが所属するプロダクション人力舎の代表取締役社長。以前はマネージャーをしていた。

宮嵜　やってないです。なんで企画書を書いただけでこんなにお礼言われるんだと思いました（笑）。ただ、そのすぐあとに、『吠え魂』が終わることになったんですよ。加藤（浩次）さんから「一回店じまいさせてほしい。ケジメをつけるために終わらせたい」と言われて。そのときに池田さんから「次は誰がいいと思う？」と聞かれたから、そこでもう一回「おぎやはぎがいいと思います」と言ったんですよ。

小木　もう一回言ってくれたのね。ありがとう（笑）。

宮嵜　それで今度は決まったんです。池田さんと相談して、「極楽とんぼがああいう終わり方をした直後だから、いきなり翌週からだと、おぎやはぎが大変だよね」という話になって。ちょうど終わったのが春と秋の改編の真ん中の七月だったんですよ。とりあえず秋の改編までは『ＪＵＮＫ交流戦スペシャル』[★4]を放送してインターバルを置こうと。それで秋から金曜日のＪＵＮＫとして始まりました。ここで最初の話に戻るんですけど、始まる前に食事会があったんです。その席で僕が二つ覚えていることがあって。一つは矢作さんが「俺、ラジオのためにトークを作りに出かけたくない」と言っていたんですよ。

矢作　へえ〜。

★4 『おぎやはぎのメガネびいき』スタート前の二〇〇六年七月〜九月に放送された『ＪＵＮＫ』の特別枠。交流戦の言葉通り、基本的には『ＪＵＮＫ』『ＪＵＮＫ２』のパーソナリティが枠を越えて競演。伊集院光×爆笑問題、伊集院光×アンタッチャブル、雨上がり決死隊×スピードワゴンなどが実現した。

小木 その話聞いたのを覚えてるよ。「エピソードを作りにいきたくない。自由にやらせてくれ」って矢作が言ったんだよね。

宮嵜 それに良い悪いはないんですけど、なんとなく「ラジオのために何かする」みたいな慣習ってあるじゃないですか。あともう一つは「肉をひっくり返すタイミングが早い」って（笑）。その二つを強烈に覚えてます。

矢作 何なんだよ、それ（笑）。

小木 すごいな。外国の企業の会長がさ、「いい話と悪い話がある」なんて話し出すちょっとしたジョークみたいじゃん。

矢作 カッコいいエピソードだな。

宮嵜 当時の僕は深夜ラジオの経験がそんなあったわけじゃなくて。周りを見ると、みんなエピソードトークをするためにいろいろな準備をしているから、それが普通だという気がしてました。それを矢作さんは最初から「やらない」と言ってきて（笑）。

小木 ディレクター的には最初そういう考えでいたわけじゃない？ それでオファーして、番組が決まってさ。「そんな話はしない」とか言われたらどう思うの？

矢作 「肉をひっくり返すタイミングが早い」と「エピソードトークなんてしない」って

言われてさ。「自分からおぎやはぎの名前を出して失敗した」って思うんじゃないの？

宮嵜 心の中で「あちゃー」って思いました（笑）。

ラジオで全てを発表してきたおぎやはぎ

宮嵜 『金曜ＪＵＮＫ』としてスタートして、初回のときに、さっそく小木さんの交際報道が出たんですよ。それで、日刊スポーツが記事に使っていた奈歩さん★5の写真が人違いで（笑）。

矢作 そうそう。覚えてるよ。

小木 で、リスナー投票したんだ。

宮嵜 結婚したほうがいいかどうか、リスナーに聞いたんですよね。

矢作 ちゃんと結婚している人間のほうが安心感があって、むしろモテるんじゃないかってことで、最終的に決めたんだよね。

宮嵜 それで翌週には「結婚します」って発表したんですよ。

★5 小木奈歩（旧名・森山奈歩）。小木の妻。母は森山良子、弟は森山直太朗で、本人も結婚する前は歌手として活動していた。

小木 そう。それで決めた。

宮嵜 そういう話で言うと、最初に小木さんの交際だ、結婚だって話があったり、矢作さんも結婚をラジオで発表したり。

小木 矢作の結婚はドッキリ的な感じでね。

矢作 今となると、婚姻届を生放送中に出しに行ったのは、いい思い出になってるよね。そういうのって普通は忘れるじゃん。今でもまだ鮮明に覚えてるもん。

小木 一つのイベントになってるから、忘れないよね。提出しに行った役所の警備員さんの名前が「矢作」だったんじゃなかったっけ？

矢作 そう。矢作だったの。

宮嵜 あのとき、小木さんは矢作さんの結婚をホントに知らなかったんですか？

小木 まったく知らなかった。全然そんな話をしてなかったもん。放送中の矢作の一言で「あっ！」ってなったから。

宮嵜 それぞれの節目にラジオをやらせてもらえるのは、スタッフとしてすごく嬉しいんですよ。発表する場所に選んでくれて光栄というか。

小木 番組の始まりはすごく悪かったけどさ。

矢作 俺が「肉をひっくり返すのが早い」って言ってね（笑）。

小木 そこから始まったわりには、「なんかあればラジオで話そう」みたいな気持ちでいるのよ。なぜかね。

矢作 たしかになあ。それはもうラジオ一択だね。

小木 まずラジオのリスナーに伝えたいという気持ちはすごいある。

矢作 他にこっちにしようかとか、迷う感じじゃないね。

宮嵜 スタッフとしてはもちろん打算はあります。話題になって「おいしい」という気持ちもないわけじゃないけど、そういう場所に選んでいただけるのは嬉しいですね。

矢作 ラジオってそういうところだよね。俺らに限らずみんな。

小木 うん。この業界の人はみんなラジオを大事にしてるよね。

矢作 ちょっとテレビとは違うよね。テレビでネタにするのは、なんか恥ずかしいんだよなあ。

宮嵜 それは、なんでですか？

矢作 計算に見えるからじゃない？ ラジオだって多少あるんだけど、テレビはその割合が違うよね。

小木 全然違うと思うよ。テレビはほぼ打算でしょう。

宮嵜 結婚もそうだし、お子さんの誕生もそうだし、矢作さんのバイク事故も[★6]、小木さんの大病もそうだったし[★7]、全てラジオで発表してきました。

小木 たしかに全部そうだね。

宮嵜 お二人は特に覚えていることってあります？

小木 強烈だったのは矢作のバイク事故じゃない？ もう十年前なんだね。俺、「死んだ」って思ったから、普通に。

矢作 ホントに？（笑）。

宮嵜 僕にはマネージャーの根本さんから半泣きで電話がかかってきましたよ。「矢作がバイク事故起こしちゃって」って。

小木 俺には最後の最後に連絡があったのかな。大さんから電話かかってきて。「矢作が……高速道路で……バイクで……事故った……」ってすごいテンションで聞かされて。「高速で……中央分離帯のほうでさ……」って。

宮嵜 すぐに結論を言わない（笑）。

矢作 それ、大さんがやってたんだよ。わざとらしいんだよな（笑）。

★6 二〇一三年八月七日、矢作が横浜横須賀道路の東逗子トンネル内をバイクで走行中に転倒。右腕骨折、全身打撲など全治二～三週間の怪我を負った。

★7 二〇二〇年八月十三日の放送で、小木が初期の腎細胞がん（ステージ1）であることを発表。一時休養して摘出手術を行い、三週間後に復帰した。

小木 血の気も引いて、何の言葉も出なかったね。最後に「命に別状はない」みたいな言い方をしてたんで、それで大丈夫なんだってわかったけど。

矢作 「命に別状はない」ってほどの話でもないんだよ。全身打撲で。

宮嵜 翌日にラジオがあって、矢作さんが笑うと痛いからってちょっと来て帰ったんですよね。擦り傷は痛々しくて。でも、大怪我じゃなくてよかったですよ。矢作さんが特に覚えていることはなんですか？

矢作 こうやって話をしていると、昔の記憶が戻ってくるじゃん。パッと思い浮かんだのは、荒俣★8（宏）先生がゲストに来たなって。

小木 ああ、なるほどね。

矢作 荒俣さんが深夜ラジオのゲストに来てるってすげぇなと思うよ。あとはゲストで言うと、長瀬（智也）君とかさ。

宮嵜 最初の最初ですね。

矢作 長瀬君はジャニーズなのにＡＶの話をしだして。

宮嵜 ドキドキしちゃいました。マネージャーさんが見てるから。

矢作 絶対怒られるじゃん？ 人気絶頂のときだよ。長瀬君と荒俣先生のゲストが印象深

★8 作家、翻訳家。武蔵野美術大学客員教授、サイバー大学客員教授。妖怪研究や博物学、神秘学、風水の第一人者としても知られる。著書『帝都物語』はベストセラーとなり、映画化・アニメ化された。

★9 リスナーから募集したオリジナルの隠語とその使用例を紹介するコーナー。使用例を升田アナウンサーが読み上げており、歌ネタのときもあった。二〇〇六年十月〜二〇〇八年

いよね。

大きかった升田アナウンサーの存在

宮崎 二人が二時間のラジオをすると、良くも悪くもマッタリするじゃないですか。だから、二人が聞いてリアクションしてもらう素材もののコーナーは絶対に入れたいって最初から言ってたんです。それで、金曜日時代には「隠語講座」[★9]、木曜日になってからは「おぎやはぎ批評」[★10]を作って。そこでの升田[★11]（尚宏）さんの存在がやっぱり大きかったんですよ。

矢作 会ったことほとんどなかったよね。

小木 数回ぐらい。

宮崎 升田さんにはホントに助けられたなって。

小木 「批評」はこのラジオの看板コーナーみたいなものだったからね。

矢作 ありがたかったよね。

七月放送。

★10 放送内で言葉を噛んだ場面や言い間違いを指摘するコーナー。「聴取者の皆様から寄せられた番組へのご意見・ご要望を紹介し、よりよい番組作りによる放送文化の向上を目指し、パーソナリティであるおぎやはぎへ自己批評を促す」という趣旨で、ナレーションは升田アナウンサーを中心にTBSのアナウンサーが担当していた。二〇一〇年四月〜二〇二一年六月放送。

★11 アナウンサー。NHKを経て、一九九四年、TBSに入社。報道番組やスポーツ中継の他、バラエティ番組やドラマでも活躍した。二〇二二年六月死去。享年五十五。

宮嵜 升田さん自身も『メガネびいき』に参加していることを喜んでくれていて。

矢作 ノリノリでやってくれてたからね。

小木 聴いててておもしろくてしょうがなかったな。

宮嵜 演出が大変なんですよ。升田さんはやりすぎちゃうから（笑）。

矢作 オジサンがかかっちゃうからさ。やっぱやりすぎると、今度はつまらなくなるから難しいよね。升田さんはオジサンの代表みたいだったし、でも喋り方のお手本のような人だったよ。元ＮＨＫのお堅い感じで。だから、完璧なフリとオチになるんだよね。あぁいう人にくだらないことを言わせるのが、基本中の基本だから。いい人見つけたなって思ったよ。

小木 タイミングが合わなかったら、やってくれなかったんだろうな。

矢作 こっちがいいと思っても、やらせてみたらそうでもない場合もあるし。実際にやってくれないパターンもあるから。マジで唯一無二の人を見つけたって感じはするよね。

小木 よく見つけたね。そういう中ではトップよ。いいオヤジ感もあって。

矢作 ラジオだからわからないかもしれないけど、見た目もピッタリじゃん。

小木 完璧だったよ。

宮嵜　番組本★12では袋とじでセミヌードまでやってくれたじゃないですか。あれもノリノリでやってましたからね。ありがたかったのは、升田さんはアナウンサーだから、会社は「そんなことをやって大丈夫？」って当然なるじゃないですか。だけど、升田さんは自分がやりたいから、上手に会社とも交渉してくださったんですよね。アナウンス部から事業局に異動したときも、自分でどうやってこの番組に出るか考えてくれて、続けてくれたんですよ。

矢作　すごいね。

宮嵜　升田さんから「事業局のやっているイベントをお知らせするコーナーっていう立て付けにすれば許してもらえるんじゃないか」と提案してくれて。

小木　そうだったね。

矢作　お線香を上げにいったときも、奥さんが「すごく喜んでた」って言ってたもんね。

宮嵜　亡くなる前日に録ったときの原稿が飾ってありましたよね。

★12　正式なタイトルは「TBSラジオ『JUNK おぎやはぎのメガネびいき』オフィシャルブック『めがね』」。放送十周年を記念して、二〇一六年七月に辰巳出版から刊行された。エピソードトークの傑作選や番組と縁のある著名人のインタビューなどを収録。

ダイナマイトエクスタシーと妄想総選挙が終わった理由

宮崎　「ダイナマイトエクスタシー」や「妄想総選挙」みたいなシモネタ系の企画って今はやってないじゃないですか。社会が変わったのを意識してやらなくなった部分があるんですけど、そういう変化を二人も感じますか？

矢作　小木とも言ってたんだけど、すごいなと思ったのは、「ダイナマイトエクスタシー」をやめたのと、俺たちが「そろそろやめたほうがいいんじゃないか」と思ったのがまったく同じタイミングで。だから、もしヒゲちゃんから言ってこなかったら、こっちから「そろそろやめる？」って言ってたと思うよ。俺たちって何にも話し合ってないじゃん？　なのに、タイミングはまったく一緒。

宮崎　なんか嬉しいですね。

矢作　その辺の判断って人それぞれじゃん？　だから、ホントにビックリしたんだよね。やっぱりいろいろあるのよ。ご時世もあれば、俺らの歳もあるしね。

小木　いい歳してってていうのがあるから。

矢作　七十五歳ぐらいになってたら、やってもおもしろいよ。今はちょうど気持ち悪い歳っていうのがあるからさ。

宮嵜　わかります。どちらの企画もキラーコンテンツと言えば、キラーコンテンツだったんですよ。盛り上がるし、リスナーの反響も大きいし、結果もちゃんと出てたから。だけど、今これをやっていると逆に気持ち悪いというか、それをやっちゃうカッコよさではないなっていう感じがしてました。その他に個人で変えている部分ってあったりします？

矢作　そんな突然じゃないんだよ。徐々になんだよね。例えば、ゴシップにしたってさ、知らず知らずのうちに俺らもベテラン芸人になってくるから。昔は適当に熊田曜子の悪口を言ってればよかったんだけどさ。

宮嵜　つい最近も言ってたじゃないですか（笑）。

矢作　熊田曜子はいいんだけどさ（笑）。その人のことが全然嫌いじゃないのに、恐縮されたりするのよ。向こうが「嫌われている」と感じちゃったりとか。「違うんだよ。もっと軽いいじりなんだよ」って思ってるんだけど。

小木　ネットニュースになると、向こうが気にしちゃうから。こっちは適当なんだけど、ベテラン芸人が言っているみたいに思われちゃうからね。

宮嵜　僕もそうですが、キャリアや年齢が上がってきたことに、自分でなかなか気づけないですよね。

矢作　結婚のニュースにしても、しょうもないなあって感じることもあるけど、それを言うとかわいそうだなって思うようになってきた。

小木　ちゃんと褒めてあげたいとか、そういう風になってきたよ。

宮嵜　世の中の変化というより、自分たちの変化なんですね。三十代後半の中堅になりかけの芸人で、しかも自分がまだ結婚してなかったら言ってたかもしれないですけど、今は五十代で、奥様もいて、お子様もいて、所帯も持っているのに……という。

小木　ＳＮＳの存在も大きいと思うけどね。それが全部重なっているんだろうな。

矢作　変なことしたヤツに関しては、いまだに「なんだこいつ？」って言ってもいいと思うんだけど、興味のない人の結婚とかをさ、嫌ないじり方とかはしなくなったよね。

小木　前はしてたかもね。

矢作　「どうでもいいわ、こんなカップル。すぐ別れるわ」とか、それに近いことをたぶん言ってたと思う。

宮嵜 ただ、こんな質問しておいてなんですけど、たぶんおぎやはぎが一番昔と変わってないと思います。いまだにヒヤヒヤするときありますよ。「女ってこうじゃん」とか言ったりするじゃないですか。

小木 言っちゃう、言っちゃう。あれはヤバいよね。

宮嵜 僕は結構ドキドキして聴いてますよ。でも、いわゆる炎上もしないから。

矢作 今は「男ってこう」「女ってこう」と決めつけちゃいけないのはもちろんわかってるんだよ。その上で、例えば「女の子はピンクが好き」とか、「男の子はブルーが好き」とか、八割方の人がそうだって感じていることは口にしていいと思ってるの。

宮嵜 それを言い始めたら、何にも言えなくなっちゃいますしね。

矢作 だから、つい口に出ちゃうんだけど、言ったあとに「これは言いすぎちゃいけない」って一応意識はするよ。

宮嵜 ただ、言いすぎたときのフォローがゴニョゴニョってするから、そこが不安なんです（苦笑）。

小木 俺も多少はセーブしてるんだろうなって思いますよ。あとは工務店（鈴木工務店、放送作家）さんの顔色見ながら喋ってる。

宮嵜　なるほど。バロメーターじゃないけど。

小木　工務店さんの顔が強ばったり、首を傾げたりしていて。やっぱ十何年も一緒にいると、表情でわかるのよ。ホントにヤバいときはちゃんと言ってくれるしね。工務店さんの顔見て喋って、徐々にそういう風に言わなくなってきた気がするけど。まだまだ言っているところもあるんだろうけどね。

伊集院光との決定的な違い

宮嵜　伊集院さんがかなわないパーソナリティみたいな感じで、何度もおぎやはぎの名前を出してくださるじゃないですか。たぶんこの部分なんだと思うんですよ。「二人でっていう安心感が素直に喋らせてるから自分とは真逆」って仰ってて。

矢作　パーソナリティが一人と二人で全然違うし。伊集院さんと違うのは、一対二どころか、ホントは一対四ぐらいなのよ。それこそ俺らの場合は工務店さんとヒゲちゃんがいるからさ。

小木 伊集院さんは一人でやっているからね。

矢作 小木が工務店さんの顔色を見ているという話があったけど、俺らの場合はそこに工務店さんがいるのよ。ヒゲちゃんも今はディレクターじゃないからやってないけど、CMに行くタイミングだとかを完璧にやってくれてた。もうその全体でおぎやはぎなんだよね。

小木 イヤフォンに指示してくれるしね。みんなでおぎやはぎとしてやってるんだよ。

矢作 伊集院さんもホントは俺らがうらやましいんじゃない？（笑）。

宮崎 伊集院さんはなんでもできますからね。

矢作 一人がやりやすいんだろうし、伊集院さんはそれが一番いいんだろうけど、考え方をちょっと変えたら、「おぎやはぎっていいな」って感じていると思うよ。俺らのラジオって分担がすごくない？

宮崎 本人を目の前に言うのもあれですけど、ホントに世話の焼けるパーソナリティです（笑）。

小木 そこなんだよね。

矢作 そこなんだよ。俺たちのいいところは（笑）。まわりのみんなが「どうにかしないと」ってちゃんと思うんだよ。

宮崎 ホントに「どうにかしないと」をずっと考えているんですよ。僕はもうディレクター卓に座らなくなって久しいですけど、「あれ、何にも起きないぞ」ってときがよくあって（笑）。

矢作 それはもう俺たちの責任じゃないのよ。ダメな場合はみんながどうにかして俺たちを助ける。「それがチームだろ⁉」と。だって、そんなこと言ったら、俺たち二人だけで、YouTubeでラジオやればいいじゃん⁉

小木 そうなるからね。そうよそうよ。

矢作 それだったらスタッフの意味がないだろ？ だから、わざとやってるんだけど（笑）。俺たちが全部やっちゃうと、周りもやり甲斐がないだろうから。

小木 この番組のスタッフはやり甲斐があると思うよ。

宮崎 僕がディレクターをしていたときはそれぞれ個別にトークバックのボタンがあるんですけど、放送中、右手の人差し指を小木さん、中指を矢作さん、薬指を工務店さんのボタンにおいて、左手でジングルもすぐ流せるようにして、ずっとその状態で放送してたんです。

小木 へえ。おもしろいね。そんなやり方なんだ。

宮嵜 やっているときに、「俺、今カッコいいかも？」ってちょっと思ってました（笑）。

小木 カッコいいじゃん。

矢作 裏で操ってる感がするよね。おぎやはぎが喋っているように見えて、実はときどきヒゲちゃんの操り人形になっているときもあったわけじゃん。

小木 ずっと操られてたもん。

矢作 ほら、やっぱりやり甲斐あるじゃん？

宮嵜 でも、こっちの指示をオンエアに乗る声で、「聞こえない」「えっ、なに？」って返事したりするから困るんですよ（笑）。

小木 もうちょっとちゃんと言ってほしいときがあるのよ。急に来るから。

矢作 テレビの現場でカンペ出すのと同じ感じだからさ、ヒゲちゃんもボソボソって言うじゃん？　だから、全然内容がわからないときがあるんだよ。

宮嵜 あそこもディレクターの腕なんですよね。だから、七三[★13]は今そこを必死でやっていると思いますよ。

小木 ヒゲちゃんにしょっちゅう怒られてるもんね。

★13 『メガネびいき』を担当する榎本ディレクターの愛称。以前はADを務めていたが、二〇二三年一月からディレクターに就任。『週刊・おぎやはぎ批評』のナレーションを担当した経験もある。

宮嵜　だから、僕は二人に成長させてもらったなって思ってます。

矢作　いないよ、こんなに丸投げしてくるヤツら。だって、今日から新コーナーが始まりますってなっても、事前に何も知らないじゃん。

宮嵜　企画にしても、コーナーにしても、僕と工務店さんやオークラさんで考えてたじゃないですか。で、「じゃあ、これをやってみようか」となっても、お二人にははね返されたことが一度もないんですよ。

小木　こっちも「一回やってみよう」ってなるからね。

矢作　ホントにただの信用なんだよ。この人たちだったら大丈夫だよっていう信用しかないもん。他の現場では全部自分で台本を書き直すときがあるからね。番組で「ん？」って違和感がある企画が最初に二、三回続いてたとするじゃん？　その時点で今の状態はないんだよ。『メガネびいき』のスタッフはもう間違いないと思ってるの。

小木　信頼だね。

矢作　例えばゲストが「ん？」って思った相手でも、自分が好き好んで選ぶものって限りがあるし、それと違う提案があったら「そういう風にしたらむしろおもしろくなるのかな？」っていい方向で全部考えるでしょ。だから、そこは全然なんとも思わない。丸投げだよ、丸投げ。

宮崎 ありがたいという気持ちがほとんどですけど、「不満を持ってないかなあ」とか、「不安にさせてないかなあ」とか、考えてしまうこともあって。

小木 それだったら直接言うでしょう。

宮崎 これからは僕を育ててくださったように、七三を育ててほしいなって思うんですよね。なんか気づいたことがあったら言ってほしいです。

矢作 違うんだよ。七三を直接育てなくていいのよ。七三はこれまでのヒゲちゃんと同じように、「おぎやはぎを俺がどうにかしなきゃ」って思わなきゃいけない（笑）。俺たちがアドバイスなんかすることないよ。

小木 別に俺たちはヒゲちゃんを直接指導したわけじゃないからね。

宮崎 僕は育てられたと思ってますよ？

矢作 七三もちゃんと自覚してくれないとさ。「お前にかかってるんだぞ」って。

小木 だから、七三にそう言いなよ。「おぎやはぎを育てろ」って。「なんとかしてあげてくれ」って。

宮崎 そうします。ホントにおぎやはぎの二人と番組をやってこられてよかったなって僕は思ってます。

矢作 よかったよ、そんな風に思ってもらえてさ。

アナログのラジオが際立つ時代

宮嵜 今はNetflixもAmazon Prime Videoもある。音声ならポッドキャストもあるし、音声配信アプリもいっぱいあるけど、なんでリスナーはラジオを選んでくれるんだろうって思うんですよ。二人はどう思いますか？

矢作 ラジオはやっていることがアナログだから。あと、ラジオを聴くときって耳だけでしょ？ 不思議なもんで、他のメディアのクオリティが上がれば上がるほど、耳だけのラジオが逆に重宝されるっていうか。世の中が進化すればするほどラジオが際立ってくるよね。

小木 アナログがよくなってくるんだよね。

矢作 「不景気のときは金を買っとけ」みたいな話でさ（笑）。ラジオって他のメディアと別のところにいるじゃん。かと言ってね、他を食うぐらいすごくなることはないだろうけど、この先も根強いリスナーがつく絶対大丈夫な文化なんだと思うけどね。だって、この先、どんなに目で見るコンテンツがすごくなったところで、絶対耳だけで聴くものが必要でしょ。通勤もあるし、スタイリストやデザイナーもそうだけど、仕事をしながら聴いている人たちはこの先も絶対にいなくならないじゃん。

小木 ラジオを聴きながら何かを製作したりするからね。

宮崎 ラジオって不完全なようで、実は完全体みたいな気がします。

小木 完全でしょ。ラジオは完全だよ。

矢作 今後は家でじっとしてない人が増えてくると思うのよ。ていうことは、もうラジオなのよ。何かしながら映像は見られないけど、ラジオは聴けるから。

小木 ラジオがなくなることは絶対にないと思うな。耳だけっていいんだよね。疲れないんだよ。耳だけだと安心する。

宮崎 ラジオはずっと続けたいと思います？

小木 ラジオはやっていたいよ。

矢作 うん。やりたい。

小木　ただ、深夜はどうだろうかって話よ。でも、深夜は深夜の醍醐味があるからね。

矢作　俺、『メガネびいき』の前に仮眠してくるじゃん？　夜の十一時半とかに起きてTBSに来るわけ。日によるんだけど、起きたときに超眠いときがあるの。

小木　一瞬忘れちゃうんだよ。目覚まし時計をかけておくんだけど、起きたときに「ここから仕事なんだっけ？」って。

矢作　そういう意味では、もしかしたら深夜の生放送は限界が来るかもしれないよね。でも、ラジオ自体は続けたい。

宮嵜　そう言ってもらえると嬉しいです。

小木　ラジオはずっと何かしらやっていたい。それは朝でも昼間でも夕方でも俺は全然いいし。特に生放送がいいね。

ヒゲちゃんは「ダサいけど仕事ができる人」

矢作　ヒゲちゃんは、やっぱりおぎやはぎを作った人じゃない？

小木 そうだね。ラジオのおぎやはぎを作ったんだよ。このスタンスを。

矢作 さっき言ったエピソードトークの話じゃないけども、俺たちはわざわざ話を持って来て、いいオチを毎回披露するタイプじゃないのよ。結局、話のオチはヒゲちゃんや工務店さんが全部作ってくれる。話をしている途中で、放送中に出たフレーズを上手いこと持ってきて、イヤフォンに入れてくれたりとか。あとはCMに行くタイミングも立派なオチだから。アンガールズの「ジャンガジャンガ」と同じ（笑）。だから、ヒゲちゃんはオチを作ってくれる人だね。

小木 あの力はすごいよ。ヒゲちゃんの右に出る人はいません。ホント安心して喋っていられるから。

矢作 関係性もあるしね。ヒゲちゃんなら誰とやっても上手くできると思うよ。思うけど、俺たちのことをより知り尽くしてるからさ。

小木 すごいよね、そのテンポは。

矢作 ただ、人間としてはもう全然。ホントにくだらない人間ですよ（笑）。

宮嵜 ハハハ（笑）。

小木 だから、ここまで人間性の話はしてなかったの。言っちゃうとなあって。

矢作 人間としてはダサいこと言うしね。

小木 いろんなことを見てきたしなあ。

宮嵜 いろんなダサい姿を（笑）。

小木 そう。生き方というかね。

矢作 クソメン[★14]中のクソメンだから。

小木 でも、すごいよ。人間のカッコ良さと仕事ができることって俺は比例すると思ってたから。

宮嵜 仕事ができる人はダサくないと。

小木 芸人でもそうだけど、考え方も含めて普段カッコいい人って仕事もできるし、すごいなと思ってたんだけど、ここで初めて出会った。仕事ができるのに、ダサいっていう。テレビの世界でカリスマ性がある人って、やっぱりカッコいいのよ。

矢作 仕事できる人はね。ダサくて仕事できる人ってあんまりいないもんなあ。

小木 ヒゲちゃんみたいな人はいないもん。

宮嵜 喜んでいいのかどうなのか（笑）。でも、ありがとうございます。なんか嬉しいです。

★14 『メガネびいき』の男性リスナーの総称。女性の場合は「クソガール」。主にイケてないリスナーを指す。理想のリスナーを意味する「リソナー」も使用されている。

小木 いろんなラジオの現場に行ってきたけど、一番いいディレクターだよ。

矢作 ホントに優秀な人ですよ。テレビ界で言うと、佐久間さん[15]んだ、加地さん[16]だ、藤井健太郎[17]だって、トップ3みたいな人がいるでしょ。ラジオ界なら間違いなく三本の指に入る人ではある。

小木 だから、これから世に出て行くんだろうね。

矢作 今は裏方の名前をちゃんと出すブームだから、テレビの裏方は一般の人も知っているでしょ。でも、ラジオってそういう名前があんまり出ないじゃん？ ラジオでもちゃんと有名にしていきましょうか。

小木 ラジオ界の中では宮嵜といったらもう有名だしね。

矢作 最初は有名な放送作家が世に出て、次にテレビディレクターが来たから、今度はラジオディレクターじゃない？

小木 その流れがちゃんと来てるんだよ。

宮嵜 でも、ダサいから無理です（笑）。

小木 ダサいからおもしろいんだよ。なぜかラジオの人はダサいっていう。

矢作 大丈夫。佐久間さんもちょっとダサいから（笑）。

★15 佐久間宣行。フリーのテレビプロデューサー、演出家で、元テレビ東京所属。『ゴッドタン』、『あちこちオードリー』などを担当。ラジオ好きとして知られ、『オールナイトニッポン0』のパーソナリティとしても活躍。

★16 加地倫三。テレビ朝日のプロデューサー、演出家。『ロンドンハーツ』、『アメトーーク！』、『テレビ千鳥』などを手掛ける。

★17 TBSテレビのプロデューサー、演出家。『水曜日のダウンタウン』、『クイズ☆正解は一年後』、『オールスター後夜祭』などを担当。

対談で言い損ねた御礼

おぎやはぎのお二人は、全てを許してくれていると感じた対談だった。

許すというのは僕に対してではなく、森羅万象、全てに対して許容するというか受容するというか。無関心とは違う広くて深い心の持ち主。

二人がすごいのは、否定から入らないところ。いい部分を探そうとするところ。率直なところ。ただ、この率直なところがしばしば物議をかもすときがある。当人の変容もあるとは思うけど、世の中の変容スピードのほうが断然速い。そのぶん社会の価値観とのズレが生じて物議が生まれる。

それが全てではないけど、問題が生じるときは得てして価値観のズレが原因になることが多いと感じる。そもそも言葉が足らないところもあるけれど……。

おこがましいが、「みんなでおぎやはぎを作ってほしい」と言っていただいた以上、これからも二人のラジオを聴き続けたいと思ってくれるリスナーのためにおぎやはぎを作っていきたい。

対談で御礼を言い損ねた。

かれこれ十年間、毎日着け続けている腕時計のことだ。ダサい僕が一丁前にロレックスのサブマリーナを着けて生活している。これは、二〇一二年に初めて真裏のオールナイトニッポンを聴取率で上回り一位になったとき、おぎやはぎの二人から贈られたものだ。一見欲のない人たちに見えるので、聴取率など気にしていないと思っていたが、二人から「俺たちを一位にしてくれた御礼」と渡された。金額の大小ではなく、共に番組を作ってきた証として今も左腕に巻かれている。

ナインティナイン岡村隆史さんと電話

「局の垣根を越える」ことを、発信する側が〝レアで貴重〟みたいに、ありがたがる空気にしているフシが少しイヤなんだけど……。「おぎやはぎのメガネびいき」で真裏に放送している「ナインティナイン岡村隆史のオールナイトニッポン」と生で電話を繋いだときはめちゃくちゃ興奮した。

二〇一八年九月二十七日。いつものようにおぎやはぎと打ち合わせでもない雑談をすませ午前一時に生放送が始まる。クソメン・クソガールと呼ばれる「メガネびいき」リスナーなら大抵知っていると思うけど、この晩もおぎやはぎはノープランで卓上に用意されたゴシップ雑誌の記事を漁った。憶測のみで。

「ナイナイ岡村隆史、〝タイプど真ん中〟美女が自宅お泊まり」という記事があった。小木さんが「今、岡村さんに（記事の真相を）聞けないの？」と言う。小木さん的には、岡村さんも生放送中なのだから電話できるってことだろう。そうはいかない。各所の了承が必要だ。

だけど、自分がリスナーだったら……繋がったらおもしろいだろうな。なので小木さんの耳に「リスナーに……」と吹き込んでみた。小木さんはこちらを一瞥して「そうだね。じゃあリスナーにメールしてもらおうよ、〝あっち〟に」。とりあえず種は撒けた！

しばらくして〝あっち〟こと、ニッポン放送の冨山雄一プロデューサーから携帯に連絡が来た。「どうしましょう？」。リスナーがメールをしてくれたようだ（種が発芽したぞ！　ありがとうリスナー！）。僕は「こっちは大丈夫。そっちがいけるなら繋ぎましょう」と答えた。

とか言って、実際は大丈夫じゃない。制作部、編成部、営業部、ネットワーク部……いろんなところに了承を得なきゃいけない。「まぁ何かあれば謝り倒せばいいか」と自分に言い聞かせて冨山さんの返事を待った。あと、TBSラジオの人々ならわかってくれる、という信頼も当然あった。

携帯に着信。

「各所連絡しましたが繋がらなくて……。でもいっちゃいましょう！　こっちからかけますんで、TBSさんのスタジオの番号教えてください！」。覚悟を決めた冨山プロデューサー。めっちゃカッコいい。

作家の鈴木工務店さんのイヤフォンにだけ岡村さんと繋ぐ旨を伝えた。

繋がったらどう展開させる？　落としどころは？　明日どう説明しようか？　クビになったりして？　などと考えていたら、スタジオサブの電話が鳴った。

「ナインティナインの岡村と申しますが」

普段ラジオで電話を繋ぐときは、まずスタッフが裏で音質や音量をチェックする。なので、ニッポン放送のスタッフさんからかかってくると思っていた。いきなり岡村さんと繋がるとは思わなかった。……てことは、この電話は今ラジオで放送されているのか。大スター岡村さんとの会話に緊張しながら状況を理解した。同時に、学生時代よく耳にした木曜深夜の声を味わった。

両番組が繋がった時間は、七分四十四秒。

個人的には、繋がったところがピーク。内容はもはや二の次くらいの衝撃だった。目的は岡村さんに記事の真相を聞くことだったけど、失礼ながらそんなことは吹っ飛ぶくらいの時間だった。

踏み切ってくれた冨山プロデューサーは勇者だ。だってオールナイトニッポンのほうがネット局もスポンサーも多い。おまけにＪＵＮＫの倍以上歴史がある。乗り越えなきゃいけないハードルがＪＵＮＫよりいっぱいあるはずだ。たぶん、オールナイトニッポン五十余年の歴史の中で初めてなんじゃないか。

次の日、冨山プロデューサーと電話してわかったことだけど、岡村さんは局からお咎めがあるのではと、スタッフの身を案じたそうだ。全く一緒で、おぎやはぎも「ヒゲちゃん怒られる？　大丈夫？」と心配してくれた。

放送後は、「Twitter やメールで寄せられたリスナーの喜びや驚きを穴が開くほど読んだ。

その場で生まれたことをフットワーク軽く実行・実現できるのはラジオならではだと思う。さらにラジオで素を出し続けている岡村さんとおぎやはぎだからこそできたこと。そして、そんなラジオをおもしろがれる察しのいいリスナーの存在が身に染みてありがたかった。

結局、局からは怒られもせず、褒められもせず、特になにも言われなかった。少し拍子抜けしてるところに、池田元プロデューサーが来て、「すごいね!」と言ってくれた。

「ナインティナインのオールナイトニッポン」とは、その後、岡村さんがご結婚されたときに再び電話を繋ぐことができた。「裏のライオン」とは今後も良きライバルとして、良き先輩ラジオとして、リスペクトさせていただきたいと思う。

浅草キッドとの仕事。この仕事を目指したきっかけをくれたお二人だ。

企画を考えたのは僕ではなく、「小島慶子キラ☆キラ」の村澤青子プロデューサーと「安住紳一郎の日曜天国」でおなじみだった古川博志局長（当時）。村澤プロデューサーは、のちに赤江珠緒さんをＴＢＳラジオのパーソナリティに起用しようと推挙した人だ。僕は浅草キッドのお二人との仕事とあって喜びと共に身の引き締まる思いだった。

「おとな電話相談室」は、「こども音楽コンクール」と同じく、古くからある名物番組「全国こども電話相談室」のパロディだった。ダイヤル♪　ダイヤル♪　ダイヤル♪　ダイヤルッ♪　のやつ。「行け！稲中卓球部」にも少し出てくる。

子どもとは違った大人ならではの哀愁ある悩みを浅草キッドが聴いてゲストと一緒に解決策を提案する。博士（水道橋博士）は理論・分析タイプ。玉さん（玉袋筋太郎）はノリ・人情タイプ。共通するのは二人ともめちゃくちゃ親身であったこと。

この番組はとにかく編集が大変だった。悩みによって、電話出演してくれるリスナーによって、解決（もしくはその糸口）にたどり着くまで異様に時間がかかるときがある。それだけパーソナリティがリスナーの悩みに真摯だった所以。

番組が終了することが決まり、最後の収録を終えた打ち上げの席。僕は、「この仕事に就いたきっかけを浅草キッドのお二人から頂いた」と伝えた。

笑顔で聞いてくれたお二人の表情が忘れられない。場所は赤坂の焼き肉屋だ。今でも時々行ってはそのときのことを反芻する。

浅草キッドの漫才を見ていなければ、そのあとお二人のラジオを聴いていなければ、今の僕は絶対にない。

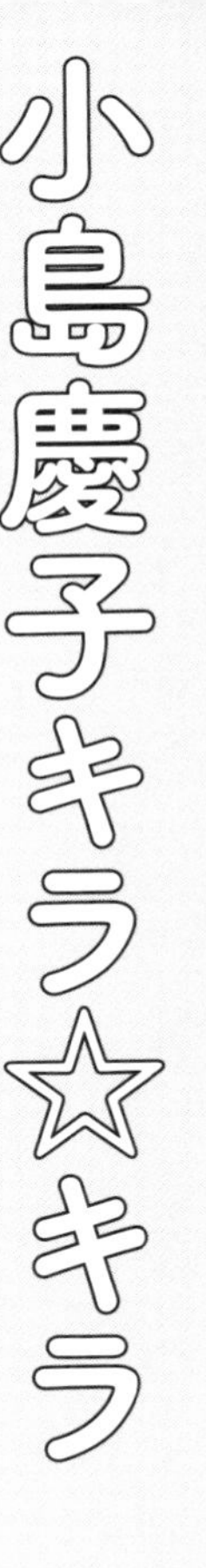

小島慶子キラ☆キラ

「雨上がり決死隊べしゃりブリンッ！」と「極楽とんぼの吠え魂」が同時に終了し、村澤プロデューサーに声をかけてもらって途中参加した午後ワイド番組「小島慶子キラ☆キラ」。

あらかじめ予告されたテーマについてリスナーからメールでエピソードが寄せられる。事前に届いたものの他、生放送中に届くメールも臨機応変に織り交ぜて展開するライブ感たっぷりの生放送だった。僕は、ビビる大木さんの月曜日ではディレクターを、ピエール瀧さんの木曜日ではブースの中に入って作家的な作業を担当した。

大木さんは受け身の達人。リスナーの投稿、小島さんの投げかけ、どんな球種もしっかりキャッチしてくれる。しかも「パシン！」といい音で。どんなことをしても大木さんならなんとかしてくれる、そんな安心感があった。

瀧さんは果てしない想像力と人間力。メールに記載されているエピソードは当然断片的なものなのだけど、瀧さんはその前後を想像し、書かれていない余白を読むのが天才的に上手かった。リスナーの心情や立場を慮って、送られてきたエピソードを何倍にもおもしろくする達人。一見、ドライに見えなくもないが、温かくて人情味がある人。

瀧さんはのちに「たまむすび」にもレギュラー出演した。その瀧さんの曜日で「おもしろい大人」ってタイトルのコーナーを放送していたけど、瀧さん自身がまさに「おもしろい大人」だ。……この二人のことは「おっさんニュース年録」で改めて。

小島慶子さんはとにかくメール読みの達人。生放送中に来るまあまあ長文のエピソードを淀みなく、かつ書いたリスナーの意図を汲んだ抑揚で読み進める。下読みなしの初見で。アナウンスメント能力に加え、別のエンジンを積んでる感じ。なのでメールを選んで渡す僕は、安心しきって次から次へと小島さんにメールをぶつけていた。

僕の思うメール読みの達人は、小島さんと爆笑問題の太田さん。太田さんがすごいのは、エピソード系の長文投稿で、登場人物が複数人いてもしっかり聞き分けられること。声色を少し変えて読むのも一因なのだけど、それよりも太田さんが投稿内容をしっかり咀嚼して理解しているところにあると思う。

表面的に声を変えるんじゃなくて、メールに出てくる登場人物にしっかりシンクロしているから声が変わるんだし、気持ちが伝わる。太田さんに読んでもらえるリスナーは嬉しいだろうな、と「爆笑問題カーボーイ」を聴いているといつも思う。

ピエール瀧・ビビる大木のおっさんニュース年録

「キラ☆キラ」でご一緒したビビる大木さんとピエール瀧さんともっと仕事がしたい、という気持ちで企画した特別番組。シリーズ化して計五回放送させてもらった。

ＴＢＳラジオには毎年末にニュース班が作る「ニュース年録」とスポーツ班が作る「スポーツ年録」がある。その年のニュース、スポーツの〝まとめ番組〟。バラエティ班が作る年末恒例特番があったっていいじゃないか、という思いが起点になった。

「キラ☆キラ」でリスナーから送られてくる悲喜こもごものエピソード。それに対する瀧さんや大木さんのリアクショントークが本当に素晴らしかった。

例えばドジを踏んだエピソードも、リスナーを一蹴して終わらせるようなことはしない。リスナーの心情を推察して、状況を想像する。しかもその場の思いつきで見事に話を広げる。

大木さんの瞬発力と瀧さんの咀嚼力。

ファイトスタイルは違うけど二人に共通していたのは、おもしろいことを言っても自分の手柄にしようとする意図が見えないところ。あくまで主役はメールの送り主であるリスナーだった。なので聴く人が持つ感想は「このリスナーおもしろいなぁ」になる。

エピソードや文章自体がおもしろいのもあるけど、そこに付加される〝受けトーク〟があることがミソ。その付加されるトークが大木さんと瀧さんは抜群に上手かった。そのおかげに気づかず「俺はおもしろいんだ」って勘違いしちゃうリスナーがいるくらい上手かった。

「この二人の能力を最大限に活かした番組ができないか？」という思いがきっかけで「おっさんニュース年録」はできた。企画・制作・構成・編集……全て自分。ディレクターの難しさを痛感した〝鳥肌実デビュー〟のリベンジだ。

作りはいたってシンプル。三十代以上の大人（おっさん）たちが巻き起こした世界中のニュースを紹介し、それを聴いた大木さんと瀧さんがリアクションして受けトークをするというもの。テレビで言うとVTRを見ながらワイプ画面でリアクションするような恰好。ニュース読みは外山恵理アナウンサー。瀧さんと大木さんが待ちかまえるスタジオに外山さんの淡々とした声のニュースが流れたら、おもしろくなるに違いない。このニュースがキモになる。だから原稿は作家を入れず、わがままだけど自分で背負った。

文章や構成を狙いすぎるとあの二人はすぐにこちらの作為を見抜く。制作側の欲しがる部分（我）が見えると萎えるのはどの出演者も同じだ。特に芸人さんはそういう部分に厳しい。原稿の最初に読むニュースのタイトルにインパクトも必要だけど、最後にタイトル以上の衝撃がないと笑って終われない。「笑って終わる」がとっても大切。終わりよければ全てよし。

二〇一四年に紹介したニュースを一つ……。

「図書館の返却ボックスにカレーライスを入れた六十一歳の男」

三月一日。東京・荒川区の図書館で、

返却ボックスにカレーライスを入れ、本を汚したとして、六十一歳の男が器物損壊の現行犯で逮捕されました。

この図書館には、今年一月から返却ボックスにカレーライスが度々入れられており、張り込みを続けていた署員がこの日、男がカレーを入れたところを取り押さえました。

警察によると男は、「ゴミ箱だと思って入れた」と供述しています。


……この供述がたまらない。

ゴミ箱だなんて思いっこない。苦し紛れで咄嗟に出たのか、許されると思って言ったのか、はたまた本気でゴミ箱だと思ったのか。男の立場に寄り添って想像すると興味深い。


外山アナが読んだニュースを聴いて大木さんと瀧さんが笑ってくれたらこの番組の八割は完成する。個人差はあるかもしれないが、周りが笑うと人は笑ってしまうことが多い。僕は影響されやすいせいか隣で笑われるとつられて笑ってしまう。

「おぎやはぎのメガネびいき」の〝週刊おぎやはぎ批評〟、「加藤浩次の吠え魂」の〝今週の教え〟、「加藤浩次の金曜 Wanted!!」の〝熟した感想文〟もこの仕組み。ものによってはリアクションがかえって邪魔になるパターンもあるので一概に正解とは言えないけど。

もう一つ大切なこと。番組としては、外山アナのニュース読みも聴いてほしい。同時に大木さんと瀧さんのリアクションも聴いてほしい。両方しっかり聴いてほしい。だから、瀧さんと大木さんが反応してくれるで〝あろう〟文節のうしろは編集で十分に間をとる。〝リアクションしろ〟を残す要領。これを外すと痛い。無の時間が生まれる。この無の時間は腋汗がブッシャーって出る。

ひと通り聞き終わってから大木さんと瀧さんがニュースをこねくり回す。二人のスキルがフルに発揮される。一つのニュースが何度も何度もおいしく味わえる。

ニュース番組然とさせるため解説者も置いた。中村尚登（なかむらひさと）ニュースデスクが情報をフォローして正確性と公平性を担保してくれた。尚登さんのほうが暴走することもあったけど。

最後にこの番組がおもしろいのは、扱うニュース（題材）が全て事実であること。作家は起用しなかったと言ったけど、ニュース集めは「山里亮太の不毛な議論」の作家、セパタクロウ君が手伝ってくれた。お互い使えそうなニュースがあるとＬＩＮＥで情報交換しては一年かけておっさんニュースを収集した。

僕にとって「おっさんニュース年録」は、年に一度の特番とあって普段の担当番組ではできない自分丸出し番組だった。そのぶん制作者としてプライドをかけた集大成だった。完成品を何度も聴き返しては大笑いする番組。年の瀬の放送だったので聴いたことのあるリスナーはあまり多くないかもしれない。だけどラジオ好きの友人知人からわざわざ「おもしろかった」と感想を頂けたのが嬉しくもあり救いでもあり自信にも繋がった。チャンスがあればまた作りたい。Podcastでどうかな……？

初めてのプロデューサー業がＪＵＮＫなんて重すぎた

二〇一二年の春、生まれて初めてプロデューサーというものになった。それまでＪＵＮＫを統括していた池田卓生プロデューサーが午後ワイド「たまむすび」を立ち上げるため、大役を預けてくださった。

菊地さんや池田さんがやっていたことを見様見真似でやっていけば大丈夫だろうと高をくくっていたが、とんでもない。プロデューサーが番組スタッフや出演者の見えないところでどれだけ心的・肉体的に大変なことをしていたのか、やってみて初めて痛感した。

ディレクターのときは、面倒なことを言ってくるプロデューサーに嫌悪感さえあった。そんな風に思って本当に申し訳ない。ディレクターとは圧倒的に視点と視界が違った。

ラジオのプロデューサーって何をしてるの？　ただ偉そうに現場にいるだけじゃん！　って思っている人は少なくないと思う。まさにその通り、まずは「いること」。他には何をやっているのか？

★担当番組の聴取分析

radikoの数字を見て、過去の数字と比較してみたり、他の番組と比較してみたり、数字の中身を細かく見たり、番組の現在地の座標を知ること。で、番組の将来的な行方を考えること。ついでにディレクターにフィードバックなんかもしちゃう。

★担当番組の予算管理

出演者や作家、ゲストのギャラ伝票の入力。費用がかさんでいたら計画的に調整をかける。番組のお財布を管理。

★営業との折衝

例えば、とある企業が新商品の認知拡大を図るため予算をかけるという話があるとする。担当営業と組んで「この番組でこんな企画ができますよ」という企画書を作る。それと同時に出演者の事務所に「こういうことやってもいいですか？」と内容とギャラを交渉する。

★スタッフのマネジメント

出演者とうまくやっているか。番組に対して不満や不安はないか。スタッフ同士でトラブルはないか。各チームと番組の問題点や弱点、伸びしろを確認し方向性を話し合う。

★トラブル処理

数は多くないけど番組にくるご意見やクレームの対応。長いときは平気で三十分くらい電話してる。

★報告・連絡

「○日〜○日までスタジオ機器のメンテナンスがあります」という技術部からのお知らせをスタッフに伝える。

「○○さんの出した伝票の費目が違います」という経理からの差戻伝票を受け取ってスタッフに渡す。

「△△さんの入館証の期限が間もなく切れます」というデスクからのお知らせを本人に連絡して申請書を渡す。

「□□の番組のスタジオに忘れ物がありました」という報告を受け忘れ物を預かって本人に渡す。

「リスナーから宅配便が届いています」という連絡を受け荷物をピックアップして番組スタッフに渡す。


この報告・連絡などの事務作業がメインじゃ？　っていうくらい伝書鳩的作業がめちゃくちゃ多い。今も自分の足元には「バナナマンのバナナムーンＧＯＬＤ」のリスナーから届いた梨の入った段ボールがある。このあとＡＤドロボーとＡＤジャニオタに連絡して運んでもらうつもり。


ＡＤ時代は雑用が嫌で嫌で仕方なかった。だから早くディレクターになってクリエイティブな仕事をしたいと思っていた。プロデューサーになったら元に戻った。

……あれ？

……いや、全然違う。違いは責任の大きさだ。

番組が評価されて続くことが出演者やスタッフの生活を支えることに繋がっている。自分自身の生活だってそうだ。
プロデューサーは、とりあえずそこにいてなんでもやる仕事。
責任を背負いまくって。

手本なのに誰もマネできないパーソナリティ 伊集院光さん

伊集院光さんとはもともと「日曜大将軍」でお手伝いADとして数回ではあるが関わりがあった。「伊集院光 深夜の馬鹿力」では「水死隊」のCDリリース企画でリポーター役として関わらせてもらったことがある。

とはいえニッポン放送「伊集院光のOh!デカナイト」のリスナーだった僕にとっては永遠のラジオスター。そんな伊集院さんの番組のプロデューサーをすることになるとは正直、夢にも思っていなかった。だから伊集院さんを語るのはおこがましすぎる。しかし、やっぱりすごいので聞いてほしい。

伊集院さんも放送で言っているが、馬鹿力の本番前は毎週なんてことない雑談をする。その日も生放送が始まるギリギリまで雑談をしていた。話題は当時流行っていた「妖怪ウォッチ」について。そのおもちゃが品薄状態で転売ヤーによって値段が高騰し、定価三千円くらいのものが二万とか三万円にまでなっているという社会現象。世のお父さんお母さんは子どものため列に並び、おじいちゃんおばあちゃんは孫にせがまれ高値で買ってしまっていたであろう、そんなタイミング。

我が家も品薄のあおりを食らい欲しがる子どもをごまかすのに苦慮していた。妖怪ウォッチ熱がなかなかおさまらず、苦し紛れに段ボールとガチャガチャの空きカップを使って〝手作り妖怪ウォッチ〟を子どもにプレゼントした。

生放送が始まる二十秒くらい前。零時五十九分四十秒くらい。さすがにもう生放送が始まるので各自持ち場に就く。ブースには伊集院さんと構成の渡辺さん(現構成は河野かずお)、サブにはディレクター金子、ミキサー岡部、AD佐藤(現ADは吉井)、そして僕。

サブのほうを向いて伊集院さんが言う。

「宮嵜君ちって妖怪ウォッチ、どうしてんの？」

「ウチは手に入らないから段ボールで作りましたよ……」と答えた。

伊集院さんはニコッと笑って「いい話だな」と言うや否や一時の時報が鳴り生放送が始まる。


「今週気づいたこと……」と始まり、早速品薄の妖怪ウォッチについて。伊集院さん自身が子どもの頃のおもちゃブームの思い出を織り交ぜながら今とを比較する。で、生放送二十秒前に交わしたばかりの宮嵜家の段ボールウォッチの話へ。


「宮嵜家の子どもたちは今、妖怪・妖怪ウォッチほしいになってる！」

「小学館がメインスポンサーのＪＵＮＫのプロデューサーがボール紙で妖怪ウォッチ作ってるんだぜ！」

「零式じゃなくて妖怪ウォッチＭ式だ」

「きっと今頃、ボール紙の妖怪ウォッチをつけたまま寝て、夢では本物になってる妖怪ウォッチで妖怪たちを見つけてるんだろうよ！」


などなど膨らましに膨らませ三十分にわたり妖怪ウォッチブームについてオープニング

トークをした。

伊「宮嵜君ちは？」

僕「段ボールで作りました」

生放送二十秒前のやりとりだけでなぜこんなにもトークを繰り出せるのか。自分の話題が出たという照れなどすっ飛び、ただただ驚愕した。異次元の能力だ……。

個人的に思うのは、伊集院さんの頭の中には湯水のごとく話の筋が出てきて、それを口に出すまでの間にしっかり取捨選択して編集しているイメージ。

そしてこれは人からの受け売りなんだけど、伊集院さんの例えば旅の話は頭に映像としてカラーで映し出される。普段聴いているリスナーは当然わかっていると思うけど、確かに端々に話題にしているものの色や形をしっかり入れている。

もう一つ強烈に残っていること。

ラジオパーソナリティの話から少し外れるけど、番組一〇〇九回記念でリスナーへ送る年賀状を「プリントゴッコ」で作ることになった。半ば合宿状態で伊集院さんと二人でスタジオにこもり、せっせと年賀状にプリントゴッコでイラストを刷っていた。プリントゴッコは一色ずつしか刷れないので何度かに分けカラフルにしていく。一色塗っては机や床に並べ、乾いたらまた別の色を塗る作業を延々と続けていた。

　伊集院さんがトイレに行くため席を立ったので、僕もひと息つこうと、買っておいたセブン-イレブンのアイスコーヒーを手に取った。するとツルンと滑って床にぶちまけてしまったのだ。

　当然床には無数の年賀状が並んでいる。案の定、数枚の年賀状にコーヒーがはねてしまった。やばいと思い、拭けるところは拭いたものの、数枚は確実にコーヒーの茶色い水玉模様が施されてしまった。

　伊集院さんがスタジオに戻ってくる。咄嗟に床にできたコーヒーのシミの上に立った。「なにもありませんでしたよ」みたいな顔をしてシミが伊集院さんの視界に入らないように不自然に体の向きを変える。挙動不審極まりなかったろう。

　特に床を見た様子もなかったので、「やり過ごせた……！」と安心した途端、伊集院さんが朗らかな表情で「終わったと思った？」と言ってきた。

　全て、全部、まるごと見透かされていた。僕の様子や周りを見て状況を把握するならまだしも、僕の心情まで察しての「終わったと思った？」だ。責めることもせず、怒ることもせず。

「すみません、コーヒーをこぼしてしまいました！」と白状した。

後日、「馬鹿力」で伊集院さんがこの件を話してくれたことでこの重大ミスは成仏した……と都合よく解釈している。

瞬時に事態を把握して相手の気持ちを慮れるスピードに、先述したトークが湯水のごとく出てきてその瞬間の最適を選び口に出す、というこの常人離れした能力というか人間力。太田さんが炎上したら、いいとか悪いとか、正しいとか間違ってるとか、そういうのじゃなく、さりげなく話題にしてエールを送る、そんな粋なところは本当に伊集院さんのニンを象徴していると思う。

伊集院さんには教わることばかりで毎回発見がある。それを自分なりに消化して若手のパーソナリティに伝えている。特にハライチの岩井君やヒコロヒーにはしつこいくらい言っている。こうやってラジオの技術や腕が受け継がれていけばいいなと思う。

最後に、伊集院さんの映画やゲームの話。

いろんなパーソナリティが最近観ておもしろかった映画の話とか最近ハマったゲームの話をするが、それを聴いて実際にその作品を観る、あるいはゲームをするリスナーはどれくらいいるのだろうか。伊集院さんの場合、僕だけかもしれないが、知らないことを知って満足するだけじゃなく実際に興味を持つことが多い。伊集院さんが話して実際にプレイしたRPG「ドラゴンズドグマ」は最も好きなゲームの一つとなった。

単純に「笑える」「おもしろい」だけじゃなく、新しいものに出会う機会を、しかも興味を持たせるような形で提供してくれるパーソナリティはなかなかいないと思う。

爆笑問題との出会い

僕は「ボキャブラ天国」熱中世代なので、ADのころ局内でお二人を見かけては「爆笑問題だ！」とドキドキしていた。田中さんって本当に小柄なんだ……。太田さんって本当に猫背なんだ……。ありきたりな感想を持った。

当時はラジオも景気がよくて、「爆笑問題カーボーイ」のスタッフルームにはいつもTBSの近所にある中華屋「蘭苑（らんえん）」の出前が届けられていた。

収録を終えてみんな帰ると「カーボーイ」のADさん（僕よりだいぶ先輩）がスタッフルームの片付けを始める。いつも同じ服を着て毎日のように会社で寝泊まりしている様子を見かねてか、僕はみんなが食べ残したチャーハンやギョーザを恵んでもらっていた。A

Dのときの僕にとって毎週火曜日は、無料で中華を食べられる日だった。借金があったのでとても助かっていた。

爆笑問題のお二人と初めてしっかり仕事をしたのは、「極楽とんぼの吠え魂」が急遽終了し、次のパーソナリティが決まるまで放送した「JUNK交流戦スペシャル」だった。伊集院光さんと爆笑問題の三人で担当してもらった二〇〇六年九月のこと。

打ち合わせは特になく、そのまま収録日を迎えた。伊集院さんともディレクターとして仕事をするのはほぼ初めて。自分の中では深夜ラジオの二大巨頭との仕事だった。

始まってしまえば丁々発止のやりとりに、スタジオのサブにいる関係者は大爆笑。僕もディレクター卓からブースの中で盛り上がる三人のトークを聴いて必死に笑顔を〝作って〟いた。笑顔を作るってことは、おもしろくなかったのか？……いや、そうではなくて。僕は楽しみより完全に緊張が上回っていた。

「どこで話を切っていいものか？」

CMの入れどころを意識するあまり身体が固まって思考が停止した。

ジングルを出すボタンに左手の人差し指を起きながら、どうする？　どうする？　と頭の中の狭いところで意識がグルグルするばかり。毛穴という毛穴から汗が吹き出した。

結局、迷いに迷って太田さんの小ボケでボタンを押す。次のブロックも太田さんの小ボ

ご購入作品名

■この本をどこでお知りになりましたか？

□書店（書店名　　　　　　　　　　　　　　　　　）

□新聞広告　　□ネット広告　　□その他（　　　　　　　　　　　）

■年齢　　歳

■性別　　男・女

■ご職業

□学生（大・高・中・小・その他）　□会社員　□公務員

□教員　□会社経営　□自営業　□主婦

□その他（　　　　　　　　　）

ご意見、ご感想などありましたらぜひお聞かせください。

ご感想を広告等、書籍のPRに使わせていただいてもよろしいですか？

□実名で可　□匿名で可　□不可

一般書共通

ご協力ありがとうございました。

郵便はがき

おそれいりますが
切手を
お貼りください

102-8519

東京都千代田区麹町4−2−6
株式会社ポプラ社
一般書事業局　行

お名前	フリガナ	
ご住所	〒　　　-	
E-mail	@	
電話番号		
ご記入日	西暦　　　　年　　　月　　　日	

上記の住所・メールアドレスにポプラ社からの案内の送付は必要ありません。☐

※ご記入いただいた個人情報は、刊行物、イベントなどのご案内のほか、お客さまサービスの向上やマーケティングのために個人を特定しない統計情報の形で利用させていただきます。

※ポプラ社の個人情報の取扱いについては、ポプラ社ホームページ（www.poplar.co.jp）内プライバシーポリシーをご確認ください。

ケで押す。「ほら、またあんたの小ボケで切られた！」と伊集院さん。こちらの取りこぼしも笑いに変えてくれた。

足を引っ張るばかりで全然うまくできなかった。収録終わり、激しい胃痛が襲い、トイレに行くや否やオエーッと吐いた。三十歳にしてなかなかに自信を失った収録となった。

胃痛を伴った「ＪＵＮＫ交流戦スペシャル」のおよそ二年後。「伊集院光 日曜日の秘密基地」が終了して始まったのが「爆笑問題の日曜サンデー」だ。プロデューサーは池田さん。僕はディレクターとして入った。「極楽とんぼの吠え魂」と「雨上がり決死隊べしゃりブリンッ！」が同時に終わり、ちょうど会社を辞めようと考えていたタイミングだった。

「もうここまでだ……」

ライフワークの二番組が終了した喪失感からどうしても逃れられなかった。

「アルバイトからＪＵＮＫのディレクターになれただけで充分だ。悔いはない」

どこか自分に言い聞かせていた。実家に戻って温泉まんじゅう屋を継いで暮らそう。だけどそうはならなかった。理由は一つ。爆笑問題だったからだ。爆笑問題と一緒に仕事をしてみたいという気持ち。そして「ＪＵＮＫ交流戦」に悔いが残っていたからだ。

本気で自然体 田中裕二さん

「日曜サンデー」は四時間の長丁場。ＪＵＮＫではやらない交通情報やお天気のコーナーがあるワイド番組。

生島ヒロシさんに憧れ、アナウンサー指向があることを知っていたので、交通情報のフリ……「警視庁の阿南京子さ〜ん」みたいなのは田中さんにお願いをした。曲紹介も田中さん。

爆笑問題のラジオを聴いているリスナーにはお馴染みだと思うが、田中さんはイントロに曲紹介をハメるのがめちゃくちゃ上手。ハメるっていうのは、曲のイントロの秒数内でその曲の情報を話し切り、話し切ったところで歌が始まるっていうやつ。これを田中さんは実に気持ちよさそうにやってくれる。

特に七〇〜八〇年代にめっぽう強い。身体に染みついてるんじゃないかというくらいにピタリとハメてくる。いつだったか田中さんが「イントロの曲紹介のお尻が曲の歌い出しにギリ被るか被らないかくらいがカッコいい」というようなこだわりを語ってくれていた。

伊集院さんは田中さんのキャラクターを「弾丸飛び交う中、平気な顔してやってきて、野球やろうぜ！　って言ってくる感じ」とたとえるが、それが見事に田中さんを表している。はてしなく平和な人だ。

もう一つ田中さんを象徴している場面が、「日曜サンデー」のラジオショッピングの話。パンを作れる調理器を紹介したとき、ショッピングキャスターが「例えば野菜を入れてオリジナルの自家製パンが作れる」と商品のウリを伝えた。すかさず太田さんが「しいたけを入れたり？」と話を振った。田中さんが大の苦手と知ってあえて水を向けた。田中さんは「絶対食えない！　しいたけだけは絶対無理！」と激しく拒絶した。しいたけが本気で嫌いだとしても商品を売ろうとしているんだから「ヘルシーでいいね〜」とか言っておけばいいものを自分事としてリアクションする。

漫才ではツッコミなんだけど、どこか天然というか何に対しても本気で自然体なところが田中さんの魅力だ。嘘をつけない人。笑いのツボに入ると取り戻せなくなる人。おもしろくないと感じたものをおもしろいとは絶対言わない人。「ニン」の塊だと思う。

ここ数年の田中さんで言うと、「カーボーイ」でのお子さんたちの報告、特に長女のお姉ちゃんの語録が個人的にお気に入り。

……ある日の夜、

田「パパお風呂に入ってくるね」

娘「あのさ、毎回なんでお風呂入るって報告しに来るの？　需要ないから」

……部屋で柔軟体操をしている田中さんを見つけて、

娘「え？　パパ？」

田「ああ、ごめん」

娘「何してんの？」

田「柔軟してた」

娘「ビックリしたぁ。ウチ、小動物飼ってたっけって思った」

……家族で映像を観ていて、

田「ああ、この人、カツラだね」

娘「課金、ハンパねぇな」

やりとりが微笑ましいだけじゃなく、そういう事柄に触れている田中さんを想像するととてもおもしろい。若いリスナーは自分の親と重ねるだろうし、お子さんのいるリスナーは自分と田中さんを重ねるんだと思う。

バドミントンの試合に負けたのに日傘にサングラスに帽子姿で帰ってくるお姉ちゃんから「〜しか勝たん」「ちな」みたいな〝今どき語〟を教わって、番組で報告してくれる田中さんにこれからもめちゃくちゃ期待しちゃう。

かの立川談志師匠も太田さんに「絶対に田中は切るな」と助言した。加えて「田中は日本の安定」と評した談志師匠の人を見抜く力が凄まじい。ただ、そう評された当の田中さんは、その意味を「いまだにわからない」んだそうだ。

全てに向き合う太田光さん

太田さんの目線は常に大衆に向いている。

爆笑問題の漫才がそれを象徴していて、世間的な関心事を取り上げることで、一人でも多くの人が二人の掛け合いを楽しめるものにしている。ラジオでもテレビでも活字でも、その大前提は変わらない。太田さんがテレビを好きなところもそう感じる理由の一つ。発する側の太田さんにも、受け取る側の太田さんにも、世間、大衆、全員、全体のような「マス」を感じる。

田中さんは昼も深夜も変わらず安定の田中さん。一方、「カーボーイ」の太田さんは一週間思考したものを長い時間をかけてアウトプットしているように映る。

昔の「カーボーイ」の番組紹介文に「爆笑問題の漫才のプロトタイプ」とあった。おそらく小塙ディレクターが考えた表現だと思うが、その通りだ。「カーボーイ」は太田さんの思考を味わうことができる。なのでそのトークはどこか聖域のような気さえする。

「カーボーイ」のプロデューサーになって少し経ったとき、太田さんがオープニングで政治の話をした。収録後に事務所のマネージャーとディレクターの越崎と話し合って、ちょっと物言いとしてキツめだったところを編集して落とすことにした。なかなか辛辣だったので「怖くなった」というのが正直なところ。

後日、編集したことが太田さんの知るところとなり……。そのときに言われたのが『切らないで』なんて絶対言わないよ。でも切るんだったら切るって言ってほしかった。そこはお互い信頼してやりたい」。太田さんは自身の発言に責任を持っていた。まずかったら編集されるからいいや、とか、どうせ切られるだろうけどとりあえず言っておこう、という意識は皆無だ。

太田さんとの会話からその覚悟と気概を感じた。恥ずかしいったらなかった。番組のため、トラブルを回避するため、みたいな名目を自分の中で勝手に立てたものの、要は自分の体裁を守りたいだけだったことに気づかされた。

以前「カーボーイ」の収録中、爆笑問題の掛け合いがちょっとちぐはぐしたことがあった。田中さんも我々スタッフも「切ればいいか」と考えていたところ、太田さんは「ダメだよ。録音と言えど生のつもりでやらなきゃ」と強く主張したことがあった。

「カーボーイ」は基本的に毎週火曜日の夜に収録して、ディレクターの越崎が大急ぎで搬入作業をして深夜一時に放送される。越崎の作業を思ってのこともあるかもしれないが、それよりも一分一秒、一言一句に責任を持つ、という信念の表れなんだと思う。

太田さんに編集を黙っていたことを諭されて以来、切らなければならない部分が発生したときには、必ず事前にどんな理由で切るのか、どこをどう切るのか、はっきり説明して編集するようになった。当たり前のことなんだけど、当たり前ができていなかった。

太田さんのパーソナリティが顕著に垣間見えた回がある。ナインティナインの岡村さんの発言が大炎上したとき。木曜深夜にその発言があって週末にかけて大炎上、明けて火曜日の「カーボーイ」。ラジオでも漫才でも世の中のトピックを扱う爆笑問題だから何か言うだろうと多くのリスナーは思っていたかもしれない。僕自身も何か言うかな、と思ったが、何も言わないだろうな、とも思っていた。

何も言わないだろうなと思った理由は当事者の岡村さんがまだ発言をしていなかったからだ。きっとその週の木曜日に何かしら反応するだろうから、それまでに外野が何か言ってしまうとミスリードすることになるんじゃないか、と（だいぶ経ってから太田さんも自らそう言っていた）。


岡村さんがご自身のラジオで謝罪と釈明をした翌週の「カーボーイ」で太田さんはたっぷりと語った。「チコちゃんです……チンコちゃんです」という太田さんらしい挨拶から始まった。世の中の移り変わり、価値観や環境の変化を客観的に説明しながら、いろんな立場の人に寄り添ってトークしていた。良い・悪い、とか、正解・不正解など、はっきり分けられないぼんやりした部分を、じっくりと時間をかけて話す太田さんに胸打たれた。

テレビじゃ圧倒的に時間が足りない。活字じゃテンションやトーンが伝わらない。ラジオじゃなければ届かない四十分以上にわたる〝思い〟だった。太田さんの思慮深さと責任感の強さ、といったパーソナリティが伝わる放送だった。多様な立場や価値観に全方位で向き合おうとする太田さんの姿勢こそが、置いてけぼりを作らない大衆への目線なんだろうと僕の中で重なった。

一つ忘れちゃいけないのは、そこに田中さんがいること。真剣に話す合間合間で田中さんを壁にして笑いを交える。トークの終盤で太田さんが「俺もクビになる」と自虐したら、「じゃあ俺は矢部と文化放送でラジオやる」と瞬時に反応した田中さんの底抜けに平和な感じ。これが全てを救ったように思えた。ここでも談志師匠の先見の明が光る。

爆笑問題は、絶妙なバランスによって成り立っているんだと実感した印象的な夜だった。

これを書いている最中、「#太田光をテレビに出すな」で目下炎上中。太田家に生卵が投げられた。

ほっとけない人 山里亮太さん

「雨上がり決死隊べしゃりブリンッ!」が終了して始まった南海キャンディーズ山里亮太さんの「不毛な議論」。実を言うと、立ち上げるときに池田プロデューサーから水曜日のディレクターをそのまま担当してほしいとありがたくもお願いされたのだが、断ってしまった。

僕は出演者とディレクターは二人三脚。心が通じ合ってなんぼ、と思っている。一方、出演者とプロデューサーは、多少距離があり、お互い完全に腹を見せずにお付き合いしているという感覚。至極個人的な感覚だけど。

それもあって前週までそこに座っていた雨上がり決死隊のことを思うと、自分一人だけ水曜日の同じ時間にその席に座ることはできなかった。なんだか気が引ける……っていうレベルではなく、契りを吐き捨てるレベル。仁義なき所業だ。ちょっと感傷に浸っていたのだと思う。僕ごときが。なので当初、山里さんには好意どころか敵意のような感情さえあった。結局、数年後にプロデューサーとして番組に加わることになるのだけど。

山里さんはとにかく繊細という印象だった。薄いガラスのような。長崎のペコペコ鳴るビードロくらいのハート。反面、繊細だからこそ力が強くて声の大きな者以外に目を向けられる。ラジオパーソナリティとしてうってつけの性格でもあると言える。

幸せそうなカップルを妬み、成功してモテる男を嫉み、それに群がる女を憎む。かつて深夜ラジオのパーソナリティはリスナーのアニキ的存在が多かったが、山里さんはどちらかというと同輩というか、同じ価値観を持つリスナーの代弁者だ。

僕が加わった二〇一二年は番組も三年目。山里さんが戦術も身に付け始め、そろそろ安定してきたか、くらいのタイミング。だけど実際、安定なんてしてなかった。僕が番組に加わって少し経ったころ、全員が「このままじゃダメだ」と痛烈に地面にたたきつけられた放送があった。二〇一三年四月の特別企画「ザキヤマ春のパン祭り！ in 山里テラスハウスバースデースペシャル」だ。

山里さんの家にザキヤマ（アンタッチャブル山崎）さんがやってくる全面中継企画。部屋がめちゃくちゃにいじられ山里さんのリアクションが光るというもの。僕が番組に参加する以前の二〇一一年にも同様の企画が放送された。そのときの反響も加味して成功を期待していたが、結果は真逆だった。前回同様、ザキヤマさんの部屋でのハチャメチャ感と山里さんの精度の高いリアクションで番組は一定の盛り上がりを見せた。ところがリスナーウケがよくなかった。

放送後、番組ハッシュタグで Twitter のタイムラインを追う山里さんは肩を落とし、しばらく立てないでいた。僕も心配してタイムラインを見るとスマホを持つ手が震えた。山里さんを本気で心配するリスナーの声が多くあったからだ。もちろんタイムラインには楽しんで聴いてくれたリスナーも大勢いた。だけど、楽しめていないリスナーも大勢いた。片付けを終えたスタッフを先に帰し、しばらく二人で沈黙の時間が続く。慰めの言葉を繰り出しても薄っぺらいだけでなんの意味もなかった。

何がいけなかったのか？

まず山里さんがリスナーからどう見られているのか分析できていなかった。仮にステージがあるとしたら今、山里さんは一般的に見てどのステージに存在するのか。いじられてリアクションするようなステージには既にいなかった。

次に世の中が何を嫌い、何を好むのか、番組に何が求められているのか。痛みを伴うような笑いは全員が受け入れられる世の中ではないことをキャッチできていなかった。

全員で企画したことだけど、番組の責任者として重要なポイントを捉えきれていなかったことを猛省した。二度とリスナーと山里さんにあんな思いをさせたくない。

山里亮太というパーソナリティの強みはリスナーに心の内を全部さらけ出せるところ……だと思うし、そう信じたいとも思う。だけど冒頭述べた通り本当に繊細ゆえ、リスナーにも我々スタッフにも、そして自分自身にさえも秘める部分を持っているような気もする。傷つかないために。

傷つきたくないから逃避することがある。だけどそんな面もリスナーは知っていると僕は思う。そう考えるとなんて幸せなラジオパーソナリティだ。アニキ系パーソナリティの逆、〝ほっとけない系〟パーソナリティだ。この弱さも「ニン」なんだろうなぁ。

山里さんは要所要所で脱皮を繰り返して強くなっている。人生のターニングポイントを「不毛な議論」を通してリスナーに初解禁して一皮むける。

印象的な脱皮回は、不仲だった相方、しずちゃんとの「M-1グランプリ」再挑戦を決めた回。二〇一五年十二月。山里さんも放送で話しているが、それまでは山里さんの口から出るしずちゃんの話はネガ100、ポジ0。僕は、お笑い芸人リスペクトが強かったので、お笑いコンビは、仲良くなくてもいいけど信頼し合っていてほしいと考えていた。なので山里さんによるしずちゃんへのネガキャンにはちょっと引いていたりもした。

ところが、しずちゃんがボクシングから身を引いて、次第にマイナス発言が減っていった。そして、「不毛な議論」始まって以来、初めてしずちゃんをゲストに迎えることになった。

あいにく、しずちゃんは地方だったのでスタジオではなく、中継での出演。これまでお互いが思ってきたこと、感じてきたことを率直にぶつけ合い、結果、番組のエンディングで南海キャンディーズの二人は「M-1」再挑戦をリスナーの前で誓った。

スタジオで直に顔を合わせていた場合、ひょっとしたら違う結果になっていたかもしれない。お互い表情の見えない状況で話せたのが功を奏したのではないか。それってちょっとラジオとも通じるところがあると思っていて。顔や姿が見えてないからこそ話しやすいし、聴く側も姿を表に出していないからこそ素直に、かつ、自分を失わずに受け取ることができる。

山里さんのもう一つの脱皮は結婚報告をしたとき。

僕は結婚発表の十日前くらいに本人から告知された。山里さんとマネージャーと僕の三人で会議室に入り、何やら神妙な表情で話し出す山里さん。「結婚します」という突然の告白にびっくり仰天。だけど、ふと見るとマネージャーさんがスマホをかざしていたので、山里さんのライブ「140」で何かしらの企画にするのかな？ とも考えた。

続けて「相手は蒼井優さんです」という追撃で「やっぱり140の企画だな」と確信した。山里さんの周囲にいる十人くらいに「蒼井優と結婚する」と言ったら何名がどんなリアクションをするか実験……みたいな企画かな？ と予想していた。そしてスマホで撮られていると思っているので、裏方のくせに「ちゃんとリアクションしなきゃ」とスマホを見ないように必死だった。

だけどネタバラシもしないし、山里さんはずっと真顔だし……。「あ、マジなんだ？」とじわじわ感じてきた。結婚が事実であると確信した瞬間、全身が熱くなるのを感じた。心の底から祝福した。

そこからおよそ十日間は、誰にも言わないようにとにかく気をつけた。万が一、情報が世に出た場合、容疑者になるのは必至。だけど人間だから言いたい気持ちがないわけじゃない。

一番キツかったのは、発表する三日ほど前。バナナマンの設楽さんと休日に映画を観て夕飯を食べたとき。いろんな話をする流れで一瞬言いそうになる気持ちが生まれた。今や誰もやらない天使と悪魔のコント状態。ダメダメ。山里さんは僕を信用して言ってくれた。裏切るわけにはいかない。仮に言った場合、設楽さんにも〝口軽いやつ認定〟されるに決まってる。

結局、世紀のカップル誕生の報は、結婚発表をする記者会見当日の朝、スポーツ新聞によって日本中を駆け巡った。多分冗談だと思うけど山里さんに「宮嵜さんでしょ？」って言われた。どう返事したらしっかり否定できるか迷いに迷って「我慢できなかったんだよ～」と冗談で返した。それが正解かどうか、答え合わせはしていない。本気で疑っているかもしれない。

会見当日は昼過ぎからずっと山里さんに帯同した。水曜日だったのでそのまま「不毛な議論」まで一緒にいようと決めていた。僕に何ができるってわけじゃないけど、ほっとけなかった。やっぱり〝ほっとけない系パーソナリティ〟だ。

昼にＮＨＫで仕事が終わるとのことで、ＮＨＫで合流したとき、山里さんは当然だけどだいぶ緊張しているように見えた。そこから会見が行われるホテルに向かい、控室となる部屋で何気ない話をしていた。それでもその晩のＪＵＮＫでどう話すのかは確認しておかなければならない。言えること、言えないこともあるだろうし。

僕「山ちゃん、今夜、どうする？」

山「結婚の決意を後押ししてくれたリスナーのことを言おうと思ってる」

放送を聴いてくれたリスナーはご存じだと思うが、番組の最後に話したエピソードのことだ。

山里さんはそれまで特に男女関係において幸がないことを武器にしてきた。そんな部分が受け入れられてリスナーが付いてきてくれているとも感じていた。もちろんそれはあると思う。だから「自分だけが幸せになっていいのか？」という迷いがあった。

ある日、リスナーが経営する飲食店に行った。そこで店主から「不毛リスナーはボス（山里さん）が幸せになってくれることを望んでいます」と言ってもらった。幸せになることをためらい、結婚に対して前向きになれなかった自分の背中をリスナーがグッと押してくれた……というエピソード。

僕「それ話したら泣いちゃわない？」
山「うん……やばいかも」

メディアの仕事をしていると、こういった状況は確実に色気が出る。番組がおいしくなるよう打算がはたらく。きれいごと抜きで。

大多数が山里さんを祝福する声であふれていたが、
「前もってわかっていたならもっと大々的な企画にしたらよかったのに」
「奥さんに電話繋ぐぐらいできなかったの？　ついさっきまで一緒だったんでしょ？」
放送後、局内外をはじめＳＮＳにいたるまでいろんな意見が飛び交った。

誰の何のためにそれをするのか……。
番組はリスナーのもの。一方で山里さんの結婚は山里さんと奥様のためにあるもの。人の結婚を道具のように扱うようなことはしたくない。

番組の意向を介在させる是非は常につきまとう。どんな形で表に出すか。非常に難しく、その対応によって番組の器量や価値観が試される。大袈裟だけど人生の大きな局面について身を賭してラジオで話す、それだけで十分だと思った。話す場となるのみ。それが、リスナーのために、新しく夫婦になる二人のために、番組が為せる全てだと思った。

ラジオはリスナーのハートも必要なくらい「不完全なメディア」なんて表現したけど、このときばかりはいつも以上にリスナーの山里愛を感じた。そのリスナーの愛情があったからこそ、その夜、行き当たりばったりな心情の吐露がコンテンツになり得た。それができるラジオっていう場所は本当に不思議なところだ。こうして山里さんはリスナーに手をかけられながら、脱皮してパーソナリティとして成長し続けている。

そして、プロデューサーの仕事は、予算管理や事務作業、番組の未来やマネタイズを考える他に、パーソナリティの〝メンター〟としても機能すべき……と、山里さんが教えてくれた気がする。どれだけ役に立てるかわからないけど。

やっぱりカッコいい！バナナマン

売れている人のことを「テレビで見ない日はない」なんて言う。そういう状態になったとしても一過性で終わる人が多くいる中、テレビに出続けているバナナマン。

そんな二人がコスパがいいとは言えないラジオを毎週全力で続けている。とんだ精神力だ。バナナマンのラジオは二人の人間性によるものなんだけど、底抜けにピュア。平和で楽しくて行き当たりばったり。番組に届くメールを見て、リアルタイムのツイートを見て、リスナーも一緒になって楽しんでいる様子が毎週僕をニンマリさせてくれる。

先日、ＪＵＮＫ二十周年を記念したイベント「おぎやはぎのありがとうびいき（仮）」に、バナナマンの二人がゲストで来てくれた。

矢作さんが「続いてのゲストはこの人たちです！」と言う。ステージが暗くなり「バナナムーンＧＯＬＤ」のテーマ曲、ＹＭＯの「MULTIPLIES」が流れる。音楽に合わせ暗くなったステージに黄色の照明が当たり、クルクル、チカチカと二人の登場を煽る。明転してステージに飛び出すバナナマン。僕はその後ろ姿を見てゾクッとした。オーラ？華？　覇気？　言語化できない何かにゾクッとした。

旧知の仲であるおぎやはぎが迎え入れる。登場してものの数秒であのころの四人の空気が生まれる。なぜなのか。それは、売れてなかったころも、売れている今も、設楽さんは設楽さんで、日村さんは日村さんだから。おぎやはぎの二人も同じくなんだけど。環境や役職が変わっても自分を見失わず、自分でい続けられるのは素敵でカッコいい。

「バナナムーンＧＯＬＤ」では毎年、設楽さんの誕生日には森山直太朗さんが、日村さんの誕生日には星野源さんがそれぞれ登場してくれる。星野源さんに至っては、毎年日村さんへのオリジナルバースデーソングを作って披露してくれる。しかもそれをかれこれ十年以上続けている。なんて贅沢なことだ。昔も今も変わらず星野さんや直太朗さんが登場してくれるのは、バナナマンがずっとバナナマンのままだからなんだろう。

対談
バナナマン
設楽統・日村勇紀
×
宮嵜守史
金曜日のこの時間は
生活の一部。

最初の関わりは「人が地面に落ちる音」の発注

設楽　宮嵜さんとなんで知り合いになったか、あんまりよくわかってないんですよ。自然に知り合いになってたから。

日村　いや、マジでそうですよ。そもそも最初に会ったときはプロデューサーじゃなかったですもんね。

設楽　最初に会ったのは、俺らの『東京』[★1]とか『イエロー』を作ったときなんでしたっけ？

宮嵜　はい。ただ、お二人と直接お会いしたことはほとんどないんです。

設楽　小塙さんが浦口さんの『ねたばん』[★2]を担当してて、俺らはその中でちょっとした十分ぐらいの箱番組をやってたんだよね。それで、自主制作で声だけのネタ集を作りたいからってお願いして、小塙さんに一緒にやってもらったのかな。

宮嵜　小塙さんと牧さん[★3]が関わられていましたね。僕はお手伝い係でした。お二人と直接関わるというより、お二人とやりとりした小塙さんの指示を聞いてました。

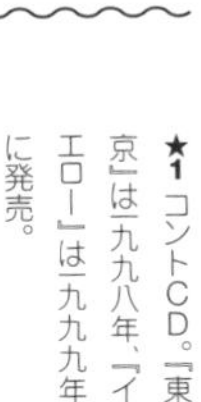

★1 コントCD。『東京』は一九九八年、『イエロー』は一九九九年に発売。

★2 TBSラジオの深夜枠『UP'S』の木曜日で一九九七年から一年間放送されていた。『赤坂お笑いDOJO』の司会を務めた浦口直樹アナウンサーがパーソナリティーで、『爆笑問題カーボーイ』を長年手掛けていた小塙治男がディレクターを担当。

★3 牧厳。宮崎放送代表取締役社長。以前はTBSラジオに所属し、『伊集院光深夜の馬鹿力』プロデューサーを務め、爆笑問題や浅草キッドなどの番組も手掛けた。二〇一九年に宮崎放送入り。

日村 小塙さんは最初からとにかくバナナマンのことをおもしろいと言ってくれてたよね。

宮嵜 僕が強烈に覚えているのは、小塙さんから「人が地面に落ちる音」の発注を受けたんですよ。どうしていいかわからなくて、結局僕には手に負えずに小塙さんがご自分で作ったんだと思います。それで、ラジオってこういう仕事もするんだと初めて学びました。

設楽 それこそ当時赤坂サカスのところにあったTBSラジオのスタジオで稽古してたんですよ。あのころは稽古場がなかったから、テレ朝とか、いろんなところを借りてたな。そういう部分でもお世話になってました。

宮嵜 あのビルにあったTBSホールで、『赤坂お笑いDOJO』を収録してたんですよね。僕もあの番組のスタッフでした。

日村 『赤坂お笑いDOJO』のときって僕らと喋ったことはあるんですか?

宮嵜 ほとんど喋ってないです。僕はサブにいて効果音を出す係で、演者さんと直接話すのはネタ見せに来る若手の人たちぐらいでした。そのころはお二人と関わりが薄い間接的な仕事ばっかりでしたね。

設楽 常に近くにはいた感じですけど。俺らは二人とも出会ったときの記憶はないから、最初はおぎやはぎの『JUNK』で卓に座っている人という認識だったよね。

宮嵜 色濃くお付き合いさせてもらったのは、『メガネびいき』のディレクターをやっているころに、〝ラジオヤリマン〟という形でスペシャルウィークのたびに来てくださってからだと思います。そのあとに『バナナムーン』が二〇〇七年から始まったわけですけど、僕はディレクターとしては一緒にレギュラーのお仕事をしてないんです。『バナナムーン』に関わらせてもらったのはプロデューサーになってからなんで。

設楽 プロデューサーになったのはいつですか？

宮嵜 二〇一二年です。

設楽 もう十年前なんだ。その前から顔は知ってたけど、それからですよね。話したり、頻繁に会ったりするようになったのは。

宮嵜 そのころの『バナナムーン』って海外からの放送[★4]が多かったじゃないですか。僕も一緒に行って仕事をさせていただいたので、そういうところでお二人と距離が近づいていったように思います。

設楽 宮嵜さんって、他のスタッフさんと違って、パーソナルな距離の詰め方が上手いというか。一緒にご飯を食べに行ったりしましたし、それこそ家に来ましたよね？

★4 テレ朝動画で配信されていた『バナナTV』の海外収録に合わせて、『バナナムーンGOLD』も以前は定期的に海外から放送していた。『バナナTV』には宮嵜も日村との「シャワー兄弟」として出演。

宮嵜　はい。泊まりでゴルフも行きました。

設楽　俺らより後輩の人とも飯に行ったりするし、そういう距離感の詰め方が上手いんだろうなって。

日村　テレビのスタッフさんと全然空気感が違うんですよ。友達とスタッフの中間のいい距離でやってくれる。意識してやっているのか、宮嵜さんの人間力なのかはわからないけど、それはもう絶妙ですね。

宮嵜　ある程度ディレクターを経験してから『バナナムーン』に関わるようになりましたが、お二人は〝素っ裸なラジオ〟をしているところが魅力だなと僕は思います。文字通り、日村さんが素っ裸になるときもありますけど（笑）。

設楽　なんてったって、TBSラジオのスローガンが『聞けば、見えてくる。』だから、それを僕らが体現しているというか。だから、ラジオでは見えないけど、裸になったり、主に日村さんのポコチンの話をしたり。

日村　見えないのを逆手に取って、おちんちんを出したりとか、最低なことをやっているもん。それがおもしろいから。

設楽　一時期、日村さんは裸になりたくてしょうがなくて、毎回すぐ脱いでたから。

「素っ裸DJ」[★5]って言ってね。

宮嵜　素っ裸DJは大好きでした。

設楽　常に中学校の休み時間みたいなノリというか。シモネタに関してもそうだけど。

日村　そんなにどぎついシモネタをやってないし。

内輪ウケにならない内輪感

宮嵜　年齢の低いシモネタですよね（笑）。ゴシップも話さないですし。「深夜番組ってこうあるべきだ」みたいに思っている人もいるかもしれませんが、『JUNK』に関してはせっかく五組が喋っているんだから、そこは一様じゃなくていいと思うんですよ。型が変わらないと五組にやってもらっている意味はまったくないですから。『バナナムーン』は季節の食べ物の話とか、身体の話とかしてますもんね。最近は加齢の話題がありますけど。

設楽　オジサンラジオになっちゃってね。

★5　設楽やリスナーのフリを受けて、突如として日村が全裸になって変貌するハイテンションなキャラクター。二〇一三年五月、罰ゲームとして日村に全裸での放送が科せられたことから生まれた。

宮嵜 だけど、聴いているほうとしては、バナナマンさんを友人や知人に感じていると思うんです。そこにドロボー[★6]とか、ジャニオタとか、スタッフも普通に入ってくるじゃないですか。そこも含めての関係になるから、その外側のリスナーまで友人や知人という感覚になっているんじゃないかと。

設楽 基本、ブースに入っているのはオークラを含めて三人だから、他のスタッフさん交えつつ、俺らはここで楽しければいいと思ってやっていて。そこにリスナーもメールを送ってくれるから、それで広がりが出ているんじゃないですかね。

宮嵜 学校が終わったあと、友達の家に集まるような感覚なんです。友達の部屋で、マンガを読むヤツもいれば、ゲームをするヤツもいて、でもとりあえずみんな同じ部屋で過ごしているという感じ。オークラさんは普通に出ているし、ドロボーだ、ジャニオタだ、さらにはたまに辻[★7]さんや僕も出させてもらうじゃないですか。外側から見ると内輪に見えるかもしれないけど、リスナーの範囲まではまったく内輪にならないというか。

設楽 スタッフをあえて出そうという感覚はないんだけどね。とんねるずさんの番組を見てきた世代だから、自然発生的にスタッフさんも交えて広がりができるのが好きなのかもしれない。ラジオは発信基地的なところがあるし、それを共有する仲間って感じかも

★6 番組ADの愛称。中村雅史は外見がドロボー似だったから、中村祐子はジャニーズファンだったことから、それぞれこの名がつけられた。

★7 辻慎也。ディレクター。『バナナマンのバナナムーンGOLD』のほか、『有吉弘行のSUNDAY NIGHT DREAMER』や『パンサー向井の#ふらっと』などを担当。

しれないね。聴いている人にも身内感が出るし、それは他の番組にも絶対あると思うんですけど。

宮崎　番組でお二人の話が進んでいく中で、遊びを見つけるのが上手いなと思うんですよ。その場で生まれた出来事に、ざっくりとしたルールを作って、「じゃあ、こうしようぜ」みたいな形で。そこも学生時代の友達同士のような感覚があるんです。

設楽　それはたぶんバナナマン全体も全部そうで。雑談しながらネタを作ったりとか、稽古場で遊んでいたのがネタになったりとか、そういうスタイルなのかもしれない。もともと車の中で暇つぶしにやるようなゲームとか、好きだからね。

日村　ああいうちょこちょこやっているゲームをずっとやっていたいんですよ。イントロクイズも大好きだから。

設楽　『JUNK』の枠ってラジオのゴールデンタイムだから、昔は憧れで、すごくやりたかったんです。当時は他にそこまで仕事をしてなかったから、「こんなことがあった」「あんなことがあった」という出来事全てがラジオ発信で。でも、ここ十年ぐらいで変わってきて、いろいろと仕事をさせてもらえるようになった。ただ仕事しかしてない一週間で、新しく喋ることもそんなにない中で、ゲームやポコチンの話って普遍的じゃないですか。だから、多くなっているのかもしれないですね。ネタもそうです。昔はそこに全部注いでたんですけど、今は逆にラジオで話したことがネタになったりとか。

日村 特に僕なんかはそうだけど、これだけ番組を長くやっていると、七夕が来たとか、節分が来たとか、秋になったとか、そういう季節の行事みたいなものは全部ラジオですよね。生放送はこれしかやってないというのもあるかもしれないですけど、ここで一年の全部を感じてるから。これは長くやっているからだと思うんですすよね。

設楽 長くやる番組は、時事か、恒例のもの中心に絶対なっていくというか。絶えず新しい情報があるわけじゃないし。

宮嵜 番組を十五年間続けていくうちに、テコ入れをしたり、根本の企画を変えたりすることってあるじゃないですか。でも、『バナナムーン』はバナナマンさんが喋る二時間だけにしている。十五年間の移り変わりはあっても番組自体はまったく変わってなくて、リスナーは金曜日の深夜一時に定点観測している感覚なんでしょうね。

設楽 その人の思いや考えがもっと表れるラジオは多いんだろうけど、俺らはそうじゃないと思うんですよね。「バナナマンのラジオをずっと聴いていたからこういう考えになった」なんてことはないと思うんですよ（笑）。話したいことはこうだって考えていても、日村さんと喋ってると全然違う方向に行くし、それはそれでおもしろいから。このラジオをプラットホーム的に使っていて、それをリスナーも楽しんでくれる。別に俺らが先導して引っ張るというより、みんなで楽しくやりましょうって感じなんです。フワッとしているというか、そんなに闘ってないというか（笑）。

宮嵜 リスナーは金曜日の二時間だけ開く小窓から部屋に入って、お二人の生存や生態を確認しているような感じがします。

日村 ラジオを聴いているとそうなりますよね。ずっと聴いてると、「あの人、今週何をやってたんだろう？」って考えるようになるし。

設楽 俺らは先輩たちの世代の『オールナイトニッポン』とかをそこまで聴いてないんですよ。

日村 申し訳ないけど、僕も若いころはラジオってまったく聴いてなかったです。

設楽 俺も三宅裕司[★8]さんのラジオぐらい。その三宅さんの番組だって、おニャン子クラブ[★9]がコーナーを持っているから気になっただけで、それこそ伝説的な（ビート）たけし[★10]さんやとんねるずさんの『オールナイトニッポン』も聴いてないから。だから、「ラジオはこういうものだ」というのがなかったところから入っているんですよ。

★8 『三宅裕司のヤングパラダイス』ニッポン放送で一九八四年二月～一九九〇年三月に放送。夜帯のワイド番組で、若者から絶大な支持を集め、パーソナリティの三宅も一躍全国的な人気を得た。

★9 フジテレビの『夕やけニャンニャン』から生まれたアイドルグループ。一九八五年～一九八七年に活動。国生さゆり、渡辺満里奈、工藤静香らを輩出。『三宅裕司のヤングパラダイス』で箱番組を持っていた。

★10 『ビートたけしのオールナイトニッポン』は一九八一年一月～一九九〇年十二月、『とんねるずのオールナイトニッポン』は

宮嵜　それは大きいかもしれないですね。
設楽　だからこそ、裸になってる。ボソボソと喋るような回もあるけど、基本はそうじゃなくて、企画をやったり、ゲームをやったり。バカ騒ぎまではいかないまでも、そういう〝バナナマンのラジオ〟みたいなものを長い年月で作ってきたのかもしれないです。
宮嵜　最初から「ラジオってこうなんだ」という固定観念があったっていいかもしれないですけど、逆にそれがないからこそ、お二人は自分たちがおもしろいと思ったことをずっとやっているんですね。
設楽　ありがたいことに、俺らは昔からラジオの仕事は途絶えてないんだよね。結構若いころから。それで、他のところでもずっと同じことをやってきた気がする。今はそれの延長線上というか。こういう場所があるのはありがたいですけどね。

野菜や果物が番組に送られてくる理由

設楽　タバコを吸うからよく喫煙所に行くんですけど、ちょっとした瞬間に、何年もやっ

一九八五年十月〜一九九二年十月にそれぞれ放送されていた。

ている番組のあんまり喋ったことないスタッフの人から、急に「実はリスナーです」って言われることがあって。そうすると「ドキッ❢」としますね。「全部知ってるんだ、この人」みたいな感覚。街でも「ラジオ聴いてる」って言われると「ドキッ❢」としますよ。日村さんなんてポコチンの話までしているわけだから、「そこまで知ってるんだな」と思っちゃう。

日村 滝沢カレンちゃんが最近TBSラジオで番組をやっているじゃないですか。「勉強のために『バナナムーン』を聴いているんです」って言ってきたんです。

設楽 勉強にならないよ、うちのラジオなんか（笑）。

日村 全部聴いてるんだって。だから、イワタニのやきまる[★11]もラジオで知りましたと言っててさ。

設楽 やきまるのことまで知ってるってことは、何から何まで、それこそ日村さんのポコチンのサイズまで知ってるんだろうね。

日村 全部知ってるんだなって思っちゃうね。

設楽 俺らはリスナーをそこまで意識して話してないから、アイドルとかに「ラジオを聴いてます」って言われると、恥ずかしくなっちゃう。

★11 バナナマンが愛用するカセットガスを使った焼肉専用グリル。脂が火に直接落ちない仕様のため、煙を抑えて焼肉が楽しめる。

日村 おそらくラジオよりも、テレビのほうがものすごいたくさんの人に見られているわけじゃないですか。でも、ラジオのほうが言われますもんね。「ラジオを聴いてます」って。

設楽 聴いている人も近くに感じてくれてるんだろうね。

宮嵜 友人・知人に近いんだろうなって思います。『ノンストップ！』でMCをして、いろんなバラエティに出ている設楽さんでも、家でパスタを作った話はラジオじゃないと聴けない気がしますし、日村さんが新婚初夜にうんこを漏らした話もラジオじゃないと聴けなかったでしょうから。

日村 他に言う場所もないじゃないですか。言ってもどうせカットされちゃうし。

設楽 他のラジオ番組って、季節ごとにリスナーからこんなに野菜って届くものなんですか？

宮嵜 たしかにそれもこの番組の特徴です。

設楽 番組で言うときもあるし、言わないときもあるんだけど、今日も山芋が届いてたし、この前も梨や柿があったし。リンゴとか、ブドウとか、季節ごとにフルーツが届くんですよ。たしかにフルーツは好きだし、そういう話もしたことあるけど、ホントにいろいろ送ってくれるんですよね。皆さんで分けてくださいって。

宮嵜 これは『JUNK』で言っても『バナナムーン』がダントツで多いし、TBSラジオ全体でも送られてくる数は多いほうだと思います。

日村 俺、他の番組にもたくさん届くんだと思ってた。メッチャ嬉しいなあ。

設楽 でも、そんなに俺らは食に関する話をしているわけじゃないし、「日本の季節の食材を食べましょう」って発信しているわけでもないじゃないですか。親戚に「食べてよ」って言うような感覚で送ってくれるんでしょうから、嬉しいですね。

宮嵜 たしかにここに知人・友人に感じていることが結実しますね。日村さんがインフルエンザでお休みしたときも、心配するメールがたくさん来たんですよ。

日村 えっ、僕に？

宮嵜 だから、ホントに自分の知り合いだと思っているんだなと。パーソナリティがそう思われるのはラジオ自体の特徴でもあるんですけど、これだけ野菜や果物が届く番組はないです。

『バナナムーン』は音のアルバム

宮嵜 『バナナムーン』が始まって十五年以上経ってますけど、印象深いことってそれぞれありますか？

設楽 そりゃあ、いっぱいありますよ。

日村 あるなあ。いっぱいある。

設楽 いっぱいありすぎて、すぐには全然出てこない（笑）。なんだろう……季節ごとの恒例行事みたいなことが思い浮かびますね。夏にライブをやるから、前後にラジオでずっと報告したりとか、自分たちの中で言っているけど、年末は毎年歌地獄★12になるとか。そういう流れでいろんな人が来てくれるじゃないですか。（星野）源君なんてずっと日村さんの誕生日に歌を歌ってくれて、それがちょっとシングルに反映されたり、さっきのパスタの話も歌になったり。あとはなんだろうなあ。うんことちんこの話が多すぎて（笑）。日村さんがゴルフでホールインワン★13を出して、それが企画になったり。

日村 僕はそれなんですね。ホールインワンの夜なんですよね。あのスピードでラジオの

★12 番組では年末に「ヒムペキグランド大賞」や「超内々紅白歌合戦」など歌企画が続くため、歌地獄と呼ばれて風物詩となっている。

★13 二〇一七年六月九日、日村がゴルフで人生初のホールインワンを達成。同日深夜の放送内で報告した。日村に秘密で記念Tシャツを製作。日村に費用を負担させて、リスナーにプレゼントした。その後、「日村ホールインワン」としてプレゼント企画が恒例化。Tシャツも定期的に製作されることに。

企画になったのは、あとあと考えてもすごいなと思います。

宮嵜 あそこからTシャツを作る文化が生まれましたよね。

日村 そうですよ。ぶっちゃけ、たまにあれを着てゴルフに行くんですよね。あのキャップとかを見るたびにいまだに思い出します。あの日、ホールインワンを出してるんだよなあって。

設楽 音のアルバムじゃないけど、要所要所の歴史やターニングポイントを音で記録してくれているイメージがありますね。日村さんの歯がない話とか、俺の家の火事のこと[★14]だってそうだし。

宮嵜 発表の場としてラジオを選んでくださるのはスタッフとしては嬉しいし、きっとリスナーも同じだと信じています。

設楽 「結婚しました」とかそういう発表も多いですよね。俺らはSNSをやってないから。

日村 それはありますね。デカいです。

設楽 だから、自分たちの情報を発信する場所がラジオになることが多いかもね。

宮嵜 日村さんが歯の治療に行くのにジャニオタがついていって、音を録ったこともあり

★14 二〇〇七年三月、設楽の自宅マンションで火災が発生。タバコの火の不始末が原因だった。当日の収録だった『ウンナン極限ネタバトル！ザ・イロモネア 笑わせたら100万円』において、火事の影響でドロドロに溶けた携帯電話を使い、見事100万円をゲット。『バナナムーンGOLD』内でも話題になった。

ました。ラジオのためにそこまで身を裂いてくださるのもありがたいです。

日村 いや、身を裂いてるわけじゃないけど（笑）。肛門にミニカーをぶっ込んだときの[★15]ほうが身を裂いてるんです。あのミニカーは今でもありますからね。

宮嵜 あのとき、実は会社に呼ばれたんですよ。

設楽 えっ、怒られたの？　ケツの穴に入れたから？

日村 お叱りのメールがあった？

宮嵜 違います、違います。お叱りじゃないんですけど、番組を聴いてない偉い方が「ちょっと細かく話を聞かせてくれ」とおっしゃっただけで。

設楽 あれはミニカーを全部入れたわけじゃないから。

日村 さすがに全部入らないもん。

設楽 日村さんにはそれぐらいしないと。毎年二月三日の節分をやってるけど、ただ鬼が襲ってくるだけじゃ、日村さんはリアクションが悪いからね。企画をやるにあたって、こっち側の勝負ですよ。ネタみたいなもんで、ギリギリのラインを攻めるという。あと、スタッフに関していうと、ドロボーやジャニオタがレアキャラになってるから、よく聴いている人に「ジャニオタさんって可愛いんですか？」とか聞かれて、そういう広がり

★15 毎年、番組では節分やこどもの日にちなんだ企画が行われるのが恒例だったが、その内容が徐々にエスカレート。日村の肛門が狙われるようになり、二〇一八年のこどもの日には鬼武者に襲われ、肛門にスカイラインのミニカーを突っ込まれてしまった。翌年も戦いが行われ、日村はバスのミニカーを突っ込まれ、オークラも被害に遭った。

はあるなと。

宮嵜 オークラさんもそうですけど、うちのスタッフはすごいですよね。

日村 一緒に『ヒムペキ』[★16]を録音してても、ジャニオタちゃんなんてプロですよ。もう一発で決めてきますから。でも、ドロボーの歌はヘタクソですね（笑）。

宮嵜 ジャニオタも器用ですよね。ドロボーはイノシシ[★17]の調査をさせたら天下一品だし。あと、ヒムペキグランド大賞の大作を聴くと、辻さんの編集技術に毎回うならされます。かないません。

日村 へえ。すごいなあ。

設楽 おもしろくするために、一生懸命ふざけるとか、一生懸命何かを作るとか、みんなそれが裏にあるからね。

ラジオに向けてトークの準備はしない

設楽 ラジオに向けて話すことを作ろうとはしないんですよ。芸人さんだったら、そっち

★16 『音楽の悩みなんでも解決 ヒムペキ兄さん』。リスナーの音楽や楽曲の疑問・要望・不満をヒムペキ兄さんが歌って解決する人気コーナー。二〇〇九年からスタートし、作られた曲は四百曲以上を誇る。年末には毎年『ヒムペキグランド大賞』が開催される。

★17 二〇一九年七月、日村が六本木でイノシシを目撃したと証言したため、番組内で調査した。

のほうが多いと思うんですけどね。話すことがなかったら、おもしろい話を作らなきゃいけないぐらいの感じで。俺らはつまらなかったら、つまらないでしょうがないと。今でも「今週は何もないな」「仕事しかしてないから話すことがないや」って思うけど、追いつかないんですよ。

日村 ラジオを聴いてると、芸人さんによっては意外と今週した仕事を言っちゃうんですよね。今週は誰々に会ったとか、こういうロケに行きましたとか。なんでみんな言っちゃうんだろうと思ってて。俺らは頑なに隠しますから。

設楽 俺らもテレビの収録をした話もするけど、それは解禁されたヤツだけなんで。まあ、これはラジオで話そうとか、これはラジオで日村さんに言おうとか、その時々にありますけど、基本的には用意しないですね。「なかったらなかったなりにおもしろくする」のを信条にしているわけじゃないですけど。

日村 他のラジオを聴いてると、最初のオープニングで三十~四十分喋っているから、「よくこんなに喋るなあ」って思うんですけど、自分たちがラジオをやって、パッと時計を見たら、四十分過ぎてるときがあるんですよ。そのときに「あれ、何を喋ってたんだろう?」って(笑)。

設楽 でも、俺が「今日はこれとこれを話そうかな」なんて多少考えてても、日村さんが全然その話をさせてくれないというか、方向が変わってくるというか。別の話をしたかったのに、「鍵がない」っていうだけの話でバーッといっちゃったりするんです。

宮嵜 この本で改めてラジオのおもしろさについて考えてるんですけど、僕の中ではその人の人格だったり、思いだったり、人を聴くメディアなんじゃないかと思うんです。だから、話す人が素でいないと全然伝わらないんじゃないかと。話すことがないからって、取って付けたようなエピソードを話してもおもしろくないですし、伝わらないですから。

設楽 そういう意味では日村さんやオークラってすごいと思うんですよ。自分自身では思ってもないのに、すごいエピソードを作るの。だって、歯がなくなる人なんてそうそういないのに、ブースの中にいる三人のうち二人の歯がないんだから。この話を何年してるんだって思われるかもしれないですけど、そんな人ってあんまりいないじゃないですか。日村さんはそういうことが起こるエピソード製造機っていうか。でも、自分じゃ喋らないいんですよ。自分ではおもしろいと思ってないし、なんなら隠すし。

日村 僕とオークラでラジオをやっていたら、たぶん歯がない話もしないだろうし。誰かが指摘してくれないと、表に出てこないこと、自分で気づかないことがいっぱいあると思いますよ。

設楽 俺もそれを見つけたり、話の方向を構成したりするのがわりと好きなんです。だって、もう五十歳のオジサンが、コロッケ★18を歩きながら食べていて、リスナーに見つかったら握りつぶしたんですよ？

宮嵜 ありましたね（笑）。

設楽 別にコロッケを食べてたっていいじゃないですか。だけど、手の中で握りつぶして隠そうとする人間のおもしろさがある。日村さんはそれをおもしろいと思ってやっているわけじゃなくて、ホントに隠そうと思ってやってるというエピソードがあるわけですよ。それがラジオだと時間軸ができるんです。日村さんは太っている。奥さんからあんまりたくさん食べちゃダメって言われてる。だけど、隠れて食べちゃう。ウォーキングの最中にバレないようにやる。でも、リスナーに会ってしまう。ちょうど食べてるときだったから握りつぶす。それを見られて番組にメールが来ちゃう。「いやいや、違うんだよ」って説明するけど、言い訳にもならないという。そういうのがどんどん起こるところがおもしろいんですよ。

★18 二〇二二年十一月十二日放送のオープニングトークで日村が告白。その後、たびたび話題に。

バナナマンにとってラジオは当たり前の日常

宮崎　日村さんの人柄だったり、それをおもしろがっている設楽さんの人柄だったり、ホントに人（ニン）を聴くメディアなんでしょうね。いろんな楽しみの選択肢がある中で、それでもラジオを選ぶ人が一定数いるのはなぜだと思いますか？

設楽　ハードが変わったって所詮は中身でね。普遍的なものがずっとあるというか。映画でもドラマでもいかに恋愛模様を作るか、それだけのテーマで延々とやっているわけじゃないですか。ラジオで喋るということも普遍的なんです。お笑いも何がおもしろいかは普遍的で、コントだったり、漫才だったり、ただのフリートークをしたり、アプローチする形が違うだけで。ハードが変わって、そのクオリティが上がろうが、ソフトの部分は普遍的なんですよ。だから、ラジオってなくならないんじゃないですか。歌うとか、踊るとか、笑うとか、人の娯楽のベースは変わらないですから。

宮崎　日村さんはどうですか？

日村　僕は若い頃にラジオをホントに聴いてないんですよね。完全にテレビっ子だったから。だから、わからない部分が多いんですけど、昔のテレビは生々しい感じの変な人がいっぱい出てたんです。そういう人を見るのがおもしろかったんですよ。でも、今はラジオのほうが変な人を知れるんじゃないかって。あと、僕は昔からNG集とか、メイキングとか、何かの裏側が大好きなんです。ラジオはテレビの人気者から「今日はこんなことをやってきました」って裏側を聴けるのがおもしろいんですよね。その人の変な部分、生々しい部分がいっぱい聴けるから。一回おもしろいと感じたら、どんどん深くハマってしまうような気はします。

宮嵜 リスナーではなく、パーソナリティの立場としてはどうですか？

設楽 なんで続けているんでしょうかね。こんなこと言いたくないですけど、ギャラも安いですし（笑）。なんなら俺らって、「おもしろいからこっちのほうがいいだろう」って結構身銭を切ってますから、たぶん出ているお金のほうが多いです。

日村 メチャメチャ出しています。

設楽 一種の精神論みたいになってますけど、ラジオにはそれでも代えがたいものがあって。ここが発信基地みたいな感覚が自分たちの中にあるし、スタッフもそうですけど、リスナーや外との繋がりという面でもやっぱり代えがたいというか。ありがたいことに今はいろんな仕事があるんですけど、金曜日のこの時間は生活の一部になっているので、軸として考えていますね。喫茶店に行って知り合いと喋るのを定期的にやっている人はいるかもしれないですけど、その感覚に近いというか。だから、ライフワークですよね。

日村 僕もずっと金曜日の生放送が一週間で最後の仕事なんですよね。このラジオで一週間が終わり、明日から新たな一週間が始まる感覚だから。そのサイクルなんですよね。これがなくなると……。でも、続けたくても、オファーがなかったら終わっちゃいますからね。俺たちの話を聴きたいって思われる人でいないといけないいんでしょうね。

設楽 今後もあんまり変わらずというのが本音ですけどね。ああしたい、こうしたいというのはないんですよ。まあでも、どんどん歳をとってるから、そういう話ばっかになってきてます。一年かけてまた同じ話をしてるんですよね。

宮嵜 秋には栗ご飯の話をして。

設楽 実は今年、栗ご飯を食べてないから話してないんだけどね。変わらずにそういう話を聴いてもリスナーが許してくれればいいなと思います。今のままラジオが続いて、なおかつもっと楽しいことができればいいなあ……ぐらいにしか思ってないです。

宮嵜 生放送のほうがいいって気持ちはありますか？

日村 絶対生のほうがおもしろいと思ってます。

設楽 そのときに、リスナーのメールも、リアクションもすぐ来るし。けど、たまに収録をやっても全然いいですよ。

日村 それはそれでおもしろいもんね。収録は収録のおもしろさがあるから。

設楽 いまだに「金曜日の深夜に生でラジオやってる」って言うとビックリする人もたくさんいますよ。仕事が立て込んでいると、しんどいなあと思うときもあるし、休みに海外に行ってもラジオがあるから帰ってきたりするし。何なんだろうね？ 続けたいからやっているというより、もう当たり前になっちゃっているというか。逆にラジオがなくなったらどうしようって思っちゃいます。そう考えると、やらせてもらってありがたいですよね。

日村 これがなくなるのはもう考えられないんですよ。

誰も置いていかない二人

バナナマンLIVEを初めて観たのは二〇〇二年の「ペポカボチャ」。以来、ありがたいことに毎年観劇させてもらっている。バナナマンのコントにはいつも必然性がある。登場人物の行動や言葉にしっかりとした道理がある。たとえどんなにシチュエーションがすっ飛んだ異世界的な場所でも、その場所においての必然がある。だから話について行けないとか、意味不明で置いてけぼりになることがない。僕はお二人の作るネタが大好きだ。

バナナマンのラジオもそうだ。起こった出来事、生じた疑問を曖昧なまま終わらせない。「わかる奴だけわかりゃいい」なんて気持ちがない。〝バナナマン劇場〟に入場さえしてもらえれば誰も置いていかない。

対談中に確信した。パーソナリティもリスナーもなく、分け隔てのない友人だ……と錯覚する不思議な魅力がバナナマンにはある。全てにおいてフラットな意識があるから壁を感じない。それでいてゆるぎない感性を持っているからカッコいい。

第4章
パーソナリティが
応えてくれた

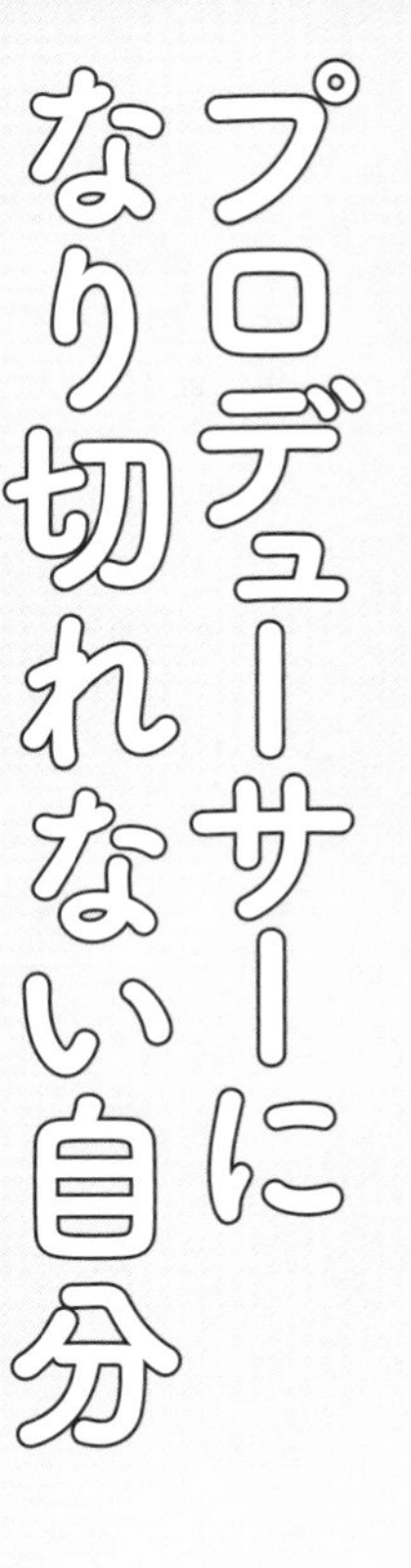

プロデューサーになり切れない自分

JUNKのプロデューサーになって十一年が経った。

ディレクターがプレイヤーだとすると、プロデューサーはマネージャーだ。とにかく番組を支えるポジションであると考えている。

JUNKのプロデューサーになったとき、ゼロから携わった番組がある一方、諸先輩方が作った既存の番組もあった。重責だ……これは終わらせるわけにはいかない。前任の池田さんから受け取ったバトンを自分の代で落とすわけにはいかない。その一心だった。

僕自身、「べしゃりブリンッ!」や「吠え魂」終了後の虚無感はとんでもなかった。あんな経験はもうしたくない。なにより最終回にTBSまで来てくれたリスナーのあの寂しそうな顔は二度と見たくない。

他方で、僕は放送局の人間ではなく制作会社の人間だ。なので雇われ店長のような意識がないわけじゃない。まして既存の番組にプロデューサーから入ることは、その意識を余計に増幅させる。

当初、その意識が強かったのか、なかなか全ての番組に心身ともにコミットできない自分がいた。ラジオは番組ごとにチームの結束が固いので、そこに分け入るには精神的カロリーがまあまあかかる。元来面倒くさがりで腐れた根性を持っているので、よそ者面を決め込んで外野にいた。これが大間違いだった。

〞生え抜き〟だろうと〞外様〟だろうと、プロデューサーになった以上は番組の責任者だ。こんないっちょ前なことが言えるようになるまでだいぶ時間がかかったし、誤った意識もあった。

プロデューサーになってまもなく、ある人にお願いごとをしたときのこと……。

「それは本当に宮嵜君がやりたいこと?」と聞かれた。

「『局から言われたから』だったらやりたくない。宮嵜君がプロデューサーとして、この番組に本当に必要だと思うんだったらやる」

僕はここからすごく変われた。

「所詮、局員じゃないし」みたいな拗ねた自意識を持っていたことに気づかされた。誰がなろうとプロデューサーはプロデューサーだ。どれだけ番組のことを思い、責任を背負えるかが重要で、そのプロデューサーが局員だろうと制作会社だろうと関係ない。それは番組のクオリティに関わりっこないし、リスナーにとってもどうでもいいことだ。ディレクターにはディレクターなりの自意識が発動し、プロデューサーにはプロデューサーなりの自意識が発動する。

プロデューサーになって二年目で「メガネびいき」が初めて聴取率調査でトップを獲得して、ＪＵＮＫ始まって以来、初めて月曜日から金曜日まで五曜日全て揃ってトップになった。

その後、揃ってのトップはあったりなかったり。ディレクターのときもそうだけど、やるべきことは番組を終わらせずに長く続けること。そのためにはたくさんのリスナーがいて、スポンサーが付く状態を続けること。幸いパーソナリティは最高の面々だ。ついでに制作会社の僕にとって番組の終了は自身の食い扶持の喪失にも繋がる。

安定してきたら次にすべきことは何か。プレイヤーの部分を削りマネジメントに徹すること。会社からもしつこく言われていた。いつまでも現場に行くんじゃなくて、後輩たちに任せて番組やスタッフのマネジメントをしてくれと。だけどプレイヤーであることが染みつきすぎていて、頭ではわかっていてもなかなか割り切ることができなかった。

今になって思えば、とても良くないことをしていた。マネジメントはマネジメントでもマイクロマネジメント状態（めっちゃ細かく言ってくる奴）だった。ディレクターは鬱陶しかったろうなぁ。僕がディレクターだったときに一番嫌だったことを自分がしていた。

もっと縁の下の力持ちにならねば……という意識を持って引いて見ると、ＪＵＮＫはパーソナリティだけじゃなく本当に個性豊かなスタッフによって作られている。

二人の放送作家
鈴木工務店とオークラ

深夜ラジオを聴き続けているとパーソナリティと放送作家の〝バディ感〟が伝わるはず。本番中、パーソナリティのすぐそばにいる放送作家は同時に様々な役割を果たす。情報を添えたり次に読むメールを決めたり。本番以外には企画を考えたりする。番組や人によっていろんなパターンはあるけど。番組のおもしろさを左右する重要な立場だから、就職前の若いリスナーにとっては憧れの職業ではないだろうか。今は昔ほど憧れられていない、と放送作家本人たちはよく言っているけど。

僕には、ディレクターになってからずっと一緒に仕事をし続けている放送作家が二人いる。鈴木工務店さんとオークラさんだ。

「メガネびいき」の作家・鈴木工務店さんは、おぎやはぎが偏ったことを言ったとき、フォローの一言を入れてくれる、なくてはならない存在。

オークラさんは、〝三人目のバナナマン〟と言われるだけあって、「バナナムーンGOLD」にとって表でも裏でも不可欠な存在だ。

二人とは「極楽とんぼの吠え魂」が出会いだった。厳密に言うと、オークラさんとはもっと前に仕事をしていた。アリtoキリギリスさんがFMヨコハマでパーソナリティをしていた「Harikiri Geinin Factory」でラジオコントを書いてもらっていた。僕はその番組のADとして、オークラさんが収録時間になっても送ってこないコント台本をFAXの前で鬼電しながらひたすら待つ、という関係だった。

二十六歳のとき、「吠え魂」のディレクターになった。極楽とんぼが怖くて怖くて仕方なかったが、工務店さんが間に入ってフォローしてくれたのを今でも覚えている。放送で使うBGMから素材の編集まで、放送前に細かくアドバイスをくれた。工務店さんのアドバイス通りに素材を作り直すと実におもしろくなる。

例えば、「吠え魂」でゲストが来るたびに歌ってもらっていた「フェイバリットソング」。そのフェイバリットソングを集めて年末に行う「吠え魂歌謡大賞」は、各ゲストの歌を繋ぎ合わせてダイジェストを作る。それぞれの歌の使いどころや使う長さを工務店さんは仕上がるまで一緒に考えて付き合ってくれた。

いわゆる座付き作家ではないのだけど、工務店さんは当時「めちゃイケ」を担当していたこともあって、極楽とんぼを熟知していた。極楽とんぼの単独ライブにも作家として入っていた。単独ライブに入る作家は本当に信頼されている証拠だ。

作家がラジオで用意する原稿は千差万別で、「こんなやりとりどうですか？」的に想定のやりとりを書くパターン、話題の要素を箇条書きにしておくだけのパターン。結構細かく書くものからほとんど何も書かないものまである。パーソナリティによって、番組の毛色によって様々。

工務店さんは原稿をしっかり書くタイプ。手書きなんだけど、文字のクセが強くて時々読めなかったりもした。さすがに今はパソコンを使っている。そんなクセ字で書かれたコントのようなやりとり。加藤さんと山本さんに割り振った掛け合いが、いかにも極楽とんぼだった。毎週、原稿が届くと黙読しては笑っていた。もちろん本番で極楽とんぼが書かれたそのままをやることはないのだけど、準備としては不可欠なものだった。

工務店さんは面倒見がよくて僕やオークラさんのお兄さん的存在。奥手でドラマとスイーツが好き。おまけに京都も好き。一人暮らしなんだけどダイニングテーブルにランチョンマットを敷いている。

工務店さんとは「吠え魂」以外に、浅草キッドの「全国おとな電話相談室」、「加藤浩次の金曜Wanted!!」、「メガネびいき」、最近では、氣志團・綾小路翔さんの「俺達には土曜日しかない」をご一緒している。翔さんの番組は、若手のディレクターを起用したかったため、面倒見のいい工務店さんがピッタリだった。しかもディレクターは、元「メガネびいき」のAD筋肉（本名は志村）だ。筋肉は今、工務店さん指導のもとディレクターとしてメキメキ成長し続けている。

工務店さんの凄いところは、何がどうなるとおもしろくなるか、目的と意図を持っているところ。与えられたテーマで、笑いにするならこう、というロジックを示せる人。だから頼りになる。

オークラさんは「吠え魂」のサブ作家だった。サブ作家は生放送の場合、メール出しが主な仕事。当時のTBSラジオのスタジオはディレクター卓のすぐ隣にメールを出すパソコンがあったので、毎週、一番近くで仕事をしていた。

当時からオークラさんの書くコーナー案やそのネタ案は抜群におもしろかった。「バナナムーン」や「メガネびいき」のリスナーは知っていると思うけど、才能が秀でてる反面、ルーズなところもある。

締め切りはだいたいギリギリか遅れる。〝てにをは〟がガチャガチャしてる。今はやめたけど、タバコのフィルター部分をベッチャベチャにして吸う。灰皿から落ちたオークラさんのタバコを戻そうとつかむと湿っぽいを通り越して高野豆腐みたいな状態。そういうところがまた天才っぽさを強調する。事実、天才なんだけど。

オークラさんとは年齢も近いし、地元も同じ群馬だし、何でも話せる仲。よく僕が車でオークラさんを当時住んでいた高井戸まで送ることがあって、その車中、悩みやら不満やらいろいろ聞いてもらった。

オークラさんのすごいところは、発想。そして作るものに共感できて、かつブレない目線がしっかりある。視点も、その視点から生まれた物語も、まるごとおもしろくなるっていう手品師のような才能。本当にすごい。

鈴木工務店さんとオークラさんとは、僕が二十六歳から四十四歳までの十八年間、毎週一回、欠かさず喫茶店で打ち合わせをして、毎年欠かさずそれぞれの誕生日にプレゼントを交換した。僕が最も頼りにして、僕のことをおそらくなんでも知っている二人の作家。結婚の保証人・鈴木工務店、結婚式の二次会の司会・オークラ。これからもこの二人とは仕事を続けたいと思う。

二人の後輩ディレクター　廣重崇と越崎恭平

プロデューサーに専念するためには頼もしいディレクターが不可欠だ。みんな頼もしいのだけど、特に二人の後輩には頼もしさとは別に、深くて長い結びつきを感じている。

僕はＪＵＮＫのプロデューサーなので、どの曜日の現場にも立ち会っているのだけど、現在、「山里亮太の不毛な議論」には立ち会っていない。およそ二年前、後輩の廣重崇プロデューサーに引き継いだ。

廣重は、「不毛な議論」の他、「川島明のねごと」「パンサー向井の#ふらっと」を担当している。僕が唯一面接官をした年に入社してきた。当時の社名は「テレコム・サウンズ」と言った。

「不毛」リスナーにはご存じ、ラジオ関西からの生放送、電話中継で神戸の街並みをリポートする際、スタジオの山里さんから「街の様子はどうですか？」と聞かれ、「信号機が点滅しています！」と報告した人物。僕とは「メガネびいき」や「不毛な議論」でコンビを組んでいた。

寡黙で真面目。落ち着きがあって自分をしっかり持っている。そして底抜けに優しいので、ほっとけない系パーソナリティの山里さんにピッタリだ。「#ふらっと」内で流れるロバート秋山さんの「シェアオフィス『ザ・専門』」を企画したのは廣重だ。

もう一人、「カーボーイ」のディレクター越崎恭平は、今フリーで仕事をしている。北海道から上京して「テレコム・サウンズ」に入ってきた。既に北海道でラジオ制作の経験があったので即戦力として入社した。仕事が早くて芯がある。越崎とも「メガネびいき」

で組んでいた他、「小島慶子キラ☆キラ」でもコンビだった。

ある日、「赤坂お笑いＤＯＪＯ」のようなお笑いのネタ番組を作るべく「マイナビLaughter Night」を立ち上げる話が舞い込んだ。お笑いに対してのリスペクトがしっかりあった越崎しかいない、と声をかけた。越崎は「Laughter Night」を起点に「空気階段の踊り場」、「ほら！ここがオズワルドさんち！」、「真空ジェシカのラジオ父ちゃん」と、各芸人さんと二人三脚で見事に番組を勝ち取っている。


廣重と越崎には、この場を借りて懺悔したい。

ディレクター時代、完全なワーカホリックだった僕は、ＡＤである廣重と越崎を相当に振り回し、苦しめていた。高い要求を強いて厳しく接していた。申し訳ない。

もう一つ。この二人がいたから僕は現場を離れる覚悟ができた。この二人がＴＢＳラジオの深夜にいれば大丈夫。大丈夫どころか、「踊り場」を聴いて、「シェアオフィス『ザ・専門』」を聴いて、もうここは僕のいる場所じゃない、この二人には敵わない、と確信した。

二人の作る番組はおもしろい。ありがとう。先輩を見て成長するのは当然。僕は後輩を見て成長できた。二人によって言葉以外の大切なフィードバックを得た。

「JUNKってメンバー入れ替えないんですか？」

……たまに聞かれる。

入れ替えた方がいいとも思うし、入れ替えなくていいとも思う。入れ替えることのメリット・デメリット、入れ替えないことのメリット・デメリットは容易に想像できると思う。なので書かないけど、僕の中では、その問答をずっと繰り返している。

番組はもちろん僕の一存で終わるものではない。始めるのだってそう。番組の開始と終了は放送局が決めるもの。ただ責任は当然、僕が背負っている。だから決断を放棄しているわけじゃない。方針を提案して意見は伝えている。……この話題は抽象的なことしか書けない！

シビアに現状を見て、周囲を見渡して、将来を見据えて、不満がないなんて思いっこない。ＪＵＮＫに限った話じゃなく。

二人の笑いをわかりたいアルコ&ピース

アルコ&ピースを初めて認識したのはいつだろう。はっきり覚えていない。いつの間にか知っていた、という感覚が強い。

有吉さんのラジオ「有吉弘行のSUNDAY NIGHT DREAMER」か。テレビのネタ番組か。太田プロライブ「月笑」か。きっかけが思い出せない。そんなふうに僕の中にスゥーッと存在していた二人。「THE MANZAI」での忍者のネタ。「キングオブコント」での精子と卵子のネタ。賞レースで若干の物議を醸した二人。

〝こういう人たち〟と捉えきれていないまま彼らのラジオ「アルコ&ピースのオールナイトニッポン」を聴いた。おもしろすぎて圧倒された。リスナーとして今までにない角度で笑わされる感覚。やっていることはラジオではお馴染みの演出だったりする。ラジオのスタンダードに乗っける上物が全く新しいものに聞こえた。

一方で、当時僕はプロデューサーでありながら、一部ディレクターもやっていたので悔しさや焦りもあった。パーソナリティとスタッフとリスナーが三位一体となって番組を作っていた「アルコ＆ピースのオールナイトニッポン」。当時の二人の年齢、ラジオのキャリア、芸人としてのステージ、様々な条件がフィットしていたことが功を奏したのだろう。さらに最もデカい条件は生放送だったということ。

当然、ＴＢＳラジオで番組をやってもらおうと考えたときは生放送以外の選択肢はなかった。結果、生放送という願いはかなわなかった。だけど、できないよりはずっといい。「アルコ＆ピース D.C.GARAGE」を作ったのは、〝二人のラジオをこれからも聴き続けたい〟というリスナーとしての感情が突き動かした部分が大いにある。制作者とリスナーに隔たりはない。制作者だってまずはリスナーだ。

アルコ＆ピースの見出しを「二人の笑いをわかりたい」とした。これは僕が「アルコ＆ピースのオールナイトニッポン」を聴いているときに抱いた感情だ。

二人はよく映画の話で盛り上がる。特にマーベル映画が多い印象。僕はマーベル映画をあまり観ないので、話についていけないときがある。人によっては知らない話をされて疎外感を感じることもあるだろう。そして番組から離れてしまうこともあり得る。僕にもそういう経験はある。だけど二人のトークには、その疎外感をさほど感じない。本気で楽しそうにしているから逆に仲間に入りたくなる。その映画を観てみようと思わせる。見事に心も身体も動かされちゃう。そんな力がアルコ&ピースにはある。

そして、アルコ&ピースのラジオには福田卓也という作家が不可欠だ。オークラさんが三人目のバナナマンであるように、ラジオにおいて福田君は三人目のアルコ&ピースだ。書く才能、考える才能に溢れている。僕が福田君の一番すごいと感じるところは目配りと気配り。気づく力がハンパない。実はそれをアルコ&ピースにも感じている。だから三人は馬が合って、ラジオにグルーヴが生まれる。

対談

アルコ&ピース 平子祐希・酒井健太 × 宮嵜守史

頭の中で絵を描きながら
話を聴ける能力を持った
選ばれし者のメディア。

『D.C.GARAGE』がスタートするまでの内幕

平子 今回の本のタイトルは何なんですか？

宮嵜 タイトルはね、『ラジオじゃないと届かない』。その前に考えていたタイトルは「なぜラジオなのか」なんだけど、ちょっと硬いかなと。

平子 ちょっと硬いですね。タイトルのフォントにもよりますけど。いかついフォントにして「電波」でもいいですけどね。

宮嵜 「電波」は嫌だな（笑）。

酒井 タイトルに「ラジオ」と入っててよかったです。今日は何の話をするんですか？

宮嵜 僕がアルコ&ピースのラジオはおもしろいって思っている話。

平子 それは、ニッポン放送時代まで遡るわけですか？

宮嵜 遡るのはニッポン放送の『オールナイトニッポン』[★1]だね。一部に行ったり、二部に行ったりしてたけど、強烈に覚えているのはウルヴァリン[★2]の回なんだよ。平子君の手からウルヴァリンみたいに爪を出す方法をリスナーから募集して。もちろんオリジナリ

★1 ニッポン放送で二〇一三年四月〜二〇一六年三月に放送。一年目と三年目は木曜日二十七時から、二年目は金曜日二十五時からの枠を担当し、深夜ラジオリスナーから大きな支持を集めた。

★2 二〇一五年四月二日放送。映画『X-MEN』で鋭い爪を武器にして活躍するスーパーヒーロー・ウルヴァリン。それまでヒュー・ジャックマンが演じていたが、降板報道を受けて、平子が代わりに担当すべくメールが募集された。

ティがあったんだけど、ああいうSEを使った遊びは昔ながらのラジオの演出でさ。

平子「シャキーン‼」と爪を出す音を出してましたね。

宮嵜 前に雨（上がり決死隊）さんの『べしゃりブリンッ‼』を担当していたんだけど、こっちが出すSEに二人が翻弄されつつ、そこにリスナーもちょっかいを出して、どんどんおもしろく転がっていく状況が楽しかったわけ。出演者とリスナーと我々で一緒に作ってる感じがディレクター体験として残っていて。それで、『アルコ&ピースのオールナイトニッポン』を聴いたとき、「これこれ‼」と思った。リスナーとアルコ&ピースとスタッフが一緒になって、×3じゃなく何十倍、何百倍にもおもしろくしてるなと。だから、「この二人はすごい」と素直に思ったの。パーソナリティとしての素養もあるし、「チクショウ、悔しいなあ」と感じながらずっと聴いてたのよ。

平子 その頃は面識ってなかったんでしたっけ❓

宮嵜 平子君と初めてしっかり会ったのは、まだニッポン放送でやっているころだと思う。誰かの単独ライブ終わりに「ちょっと飲みに行こう」って話になったら、声をかけられた平子君もいたんだよね。そこで初めて話したんじゃないかな。酒井君とは『D.C.GARAGE』が始まってからじゃないかな。

酒井　そうかもしれないですね。

宮嵜　前から太田プロの府野（竜也）マネージャーとは知り合いだったんだけど、府野さんからオールナイトが終わるという連絡を受けて、もうこれは声かけないわけにはいかないと思ってさ。そのときの編成部長に「もったいないから、どうにかしたい」って掛け合って。

酒井　そこで動いたのがすごいですよね。

平子　そこら辺の話は知りませんでした。

宮嵜　編成部長が言うには、「実は二十四時台を改編しようって考えている」と。「生放送は費用や人員の面で難しいから録音になってしまうけれど、二十四時台に一時間ずつ番組を作ろうと思ってる」と聞いて、すぐに企画書を書いてさ。月曜日には『東京ポッド許可局』[★3]が移動してくることになっていて、金曜日は『マイナビ Laughter Night』[★4]があったから、火曜日にアルコ&ピース、水曜日にうしろシティ、木曜日にハライチって考えたんだよね。その提案がわりと好感触だったから、府野さんにすぐ連絡したの。自分も含めてなんだけど、リスナーの中でアルピーのオールナイトロスは強かったじゃん？　ＴＢＳでこのままできるとなれば、リスナーは変わらないし、パーソナリティも

★3 自主制作のポッドキャストを経て、ＴＢＳラジオで二〇一三年四月にスタート。パーソナリティはマキタスポーツ、プチ鹿島、サンキュータツオ（米粒写経）の三人。

★4 ＴＢＳラジオで二〇一五年四月にスタートしたお笑いのネタ番組。公開収録によるオンエア権争奪ライブが行われ、年間のグランドチャンピオンになると、冠特番が放送される。特番から空気階段、真空ジェシカ、オズワルドの番組がレギュラー化。

変わらない。変わる可能性があるのはディレクターと作家。そこを変えずにいけたら、リスナーのロスは癒やせるんじゃないかと考えたんだよ。石井君[★5]は当時ニッポン放送の関連会社所属だったけど。

酒井 福田[★6]はまだあれですけど、石井をよく引っ張ってこられましたよね。

平子 あのとき、Twitterなんかで「今度はTBSでアルピーの番組が始まるんだ」ってウワーッと反響があったでしょ？ そのあと、第二波として「石井と福田もスライド？」でまたウワーッとなったんですよ。

酒井 相当頑張ったんですか？

宮嵜 結構頑張った（笑）。やっぱりお互い警戒するよね。石井君が所属してたのは単なる制作会社じゃなく、ニッポン放送の直下の制作会社だったから、ニッポン放送の色が濃いわけ。だから、石井君の上司に連絡して、「会社のルールとして、他局で仕事をするのはありですか？」と聞いたの。「うちは制作会社だからいけると思います」とお返事をいただいたので、その方にニッポン放送側との交渉をお願いして。

酒井 ビックリしましたもん。〝禁断の移籍〟みたいな感じでしたからね。まあ、実際に移籍はしてないけど。

★5 石井玄。『D.C.GARAGE』初代ディレクター。『オールナイトニッポン』時代からアルコ&ピースのラジオでディレクターを務めていた。現在はニッポン放送エンターテインメント開発部プロデューサー。

★6 福田卓也。放送作家。『オールナイトニッポン』時代からアルコ&ピースの番組につき、『D.C.GARAGE』も担当。『有吉弘行のSUNDAY NIGHT DREAMER』、『三四郎のオールナイトニッポン0』、『佐久間宣行のオールナイトニッポン0』、『マヂカルラブリーのオールナイトニッポン0』などでも作家を務める。

宮嵜 ＴＢＳラジオもＴＢＳラジオで、ニッポン放送でバリバリに番組を作っている人がこっちでもやることに「むむ……」と思う人がいなくはなかったけど、そこは「アルコ&ピースのラジオには必要不可欠なんです」と説明して、理解してもらった。お互い素晴らしい決断をしてくれたよね。

アルコ&ピースが持つ「発展させ力」

宮嵜 ＴＢＳラジオで始められると聞いたとき、二人はどう思ったの?

平子 ニッポン放送では毎年演出半分ではあるんですが、「終わるかな? 続くかな?」みたいな雰囲気がちょっとあったんですよ。ネタ半分本気半分で、オンエア上でもオフでも「今年はどうなんだ?」があって。そのころ、「ＴＢＳラジオでは芸人がどっしりと長期間やらせてもらえる」という話を他の芸人によく聞かされたんですよ。僕はもともとそんなにラジオを聴いているほうじゃなかったから、その感覚がわからなくて。でも、ＴＢＳラジオで始まるってなったら、「ＴＢＳだ!」っていう反響がとにかく大きかったんですよ。

宮嵜 今とは違って、当時の『オールナイトニッポン』の三時台は入れ替わりが激しかったからね。気持ちはどうだったの？ オールナイトは楽しかったんでしょ？

平子 みんな楽しく聴いてくれてるし、僕らも楽しくやってるのに、なんでこの短いスパンでハラハラさせられるんだろうという印象が強かったです。「さあ、どうする？ 終わるか？ 続くか？」という煽りって、もちろん楽しい演出として入ってたけど、リスナーの反響としては、それを楽しんでくれている人もいれば、「俺らがせっかく見つけた居場所を、そんな形で奪わないでくれよ」という生の声も正直あったから。TBSに行っても、長くやらせてもらえるというのはあくまで感覚でしかないし、もちろん終わる番組もあるわけですし。でも、ラジオって「この曜日のこの時間はこの人のラジオを聴くんだ」というリスナーの思いがあるじゃないですか。だから、今までついてきてくれたリスナーからの反響を受けて、「もしかしたら、長いことやれる場所ができるのかな」とちょっと思った覚えがありますよ。

酒井 平子さんと違って、僕は前からラジオを聴いてたし、ニッポン放送でやって、今度はTBSでまたやれるってなかなかないじゃないですか。ニッポン放送ではナインティナインさんのあとに僕らがやって、今度はＴＢＳで爆笑問題さんのあとにやれる。僕はどっちも聴いてたから、単純にリスナーとしてメチャクチャ嬉しかったですね。ただ、府野さんから最初に話を聞いたときは、「たぶんバラしになる」という感じは何となくしました。前例がないから、「そんなわけねえしな」みたいな。

平子 期間もそんなに経ってなかったじゃないですか。展開が速くないかなって思った覚えがある。単発かなとも思ったし。

宮嵜 いきなりのレギュラーだから、『D.C.GARAGE』が始まる前に、『おぎやはぎのメガネびいき』[★7]に出てもらったんだよ。オールナイトが終わった三週間後にゲストに来てもらって、オールナイトのタイトルコールをしてもらったもんね。

平子 そうだ、そうだ。ビタースイートサンバかけましたね。

宮嵜 あのときは、ほぼほぼ番組をやる方向だったとはいえ、正直、100%は決まってなかったかもしれない。当時は『JUNK』をはじめとするＴＢＳラジオの深夜リスナーに〝アルコ&ピースがおもしろいと思ってもらえるか？〟がすごく重要な気がしたのね。アルピーのラジオファンは『オールナイトニッポン』でしっかりついてたから、あんまり心配はしてなかったけど、ＴＢＳだけを聴いてるリスナーがいるとしたら、そこにも

★7 二〇一六年四月十四日放送。同年八月二十五日にもゲスト出演。『メガネびいき』では『アルコ&ピースのオールナイトニッポン0』の最終回に合わせて、有楽町に集まる出待ちリスナーをリポートしたこともあった。

ちゃんと刺さってほしいという気持ちもあって。同時にTBSラジオの局内にもアルピーがおもしろいことが伝われば安心できる。最後の一押しみたいなところはあったかもね。

平子 僕らが番組を始めるときは『メガネびいき』もそうだし、爆笑さん[★8]のところにも出させてもらったじゃないですか。あれはよかったです。お兄さん方に顔見せして、あいさつできたんで。

酒井 なんとなくTBSラジオの雰囲気が知れてよかったです。あと、みんな優しいですよね。自由にやってくださいという感じを出してくれたので。僕が番組が始まって感じたのは、『オールナイトニッポン』とは違って『D.C.GARAGE』は基本録音じゃないですか。やっぱりたまにやっていた生放送[★9]が楽しかったんですよ。今でも生のほうが楽しいと思っているし、正直言ってそっちのほうがいいなと感じたりします。まあ、録音も慣れてきたので、それはそれでいいんですけど。

宮嵜 そうだよね。僕も生放送をやりたい（笑）。

平子 僕も生がいいですね。アルコ&ピースの形式上もそうだけど、生が似合ってるのがありますから。僕がなんか言う。酒井がなんか言う。そこにリスナーからダイレクトで

★8 二〇一六年十月十八日放送の『爆笑問題カーボーイ』にゲスト出演。人気コーナー「CD田中」のアルコ&ピース版となる「CDアルピー」も実現。翌年の四月の「CD田中殿堂入りSP」にも出演した。

★9 二〇一七年、二〇一八年には二カ月おきに生放送が実現していたが、二〇一九年四月以降、特番を除いて行われていない。

生の声が届いて、そこから変わっていくのが自分たちのラジオというか。僕らには別に確固とした芯がないですから。だからこそ生でやりたいですね。

宮嵜 生放送でも録音でも感じるんだけど、二人には〝発展させ力〟というか、〝たとえ力〟があるよね。最近だと地下の書斎の話題が出たときがそうだったんだけど、既視感のある描写を二人で言い合ったりするじゃない？ 簡単に言うと、映画だったり、ドラマだったりを元にした〝あるある風景〟みたいなものをすぐに出せるのは何でなんだろうって。そこがアルコ&ピースのラジオの特徴なのかなって思うし、アルコ&ピースの武器であり、特技のような気がするんだよね。

平子 そういう風景じみたもの……例えば、地下室とか、怪しい洋館とか、ゴリラがいる森林だとか、そういうものが好きという共通点は僕と酒井と福田の中にあるかもしれないですね。三人で別に話し合っているわけじゃないんだけど、そういう場所の空気感というか、ドキュメント感はみんな好きで笑っちゃう。頭に思い描いたときに笑っちゃうのは共通認識としてありますね。

酒井 リスナーを置いてけぼりにしてないかなって不安になるときもありますけど。三人で盛り上がりすぎるというか。

宮嵜　時と場合によってはそういう状況を作っているかもしれないけど、アルピーのラジオはそこを凌駕していて、それでもなお支持してくれるリスナーがいるのは強みだと思う。反面、プロデューサーとしては、そういう空気は醸しながらも、裾野を広げる思考も二人には付けていってほしいかな。

酒井　始まった頃に宮嵜さんがよく言ってましたよね。「新しいリスナーを取り入れたほうがいい」って。

宮嵜　もったいないと思うんだよね。このおもしろさを広げることも大事だなって思う。言ったら中毒者の人数をもっと増やしてほしいなって。

平子　話せば話すほど、僕らは間口を狭めていきますからね。ここまでわかってたヤツをさらに絞って、ふるいにかけてる（笑）。

宮嵜　だけど、そのふるいにかけられて残ったリスナーは絶対に離れないのもたしかだよ。ハライチとも話したんだけど、ラジオ番組は扉を閉めるタイミングがすごく大事なんだよね。その番組の独自のノリや独自の言語を使い始めるのは、新規のリスナーが入り込めない空気を生んじゃうけど、すでに中に入っているリスナーにとったら、メチャクチャ心地いいことだったりもする。だから、閉じる閉じないのタイミングはすごく重要なんだよ。

平子 僕らは閉じるところでグルーヴを感じちゃうから（笑）。

宮嵜 だから、それを半開きのまま続けるのか、一時間のうち四十分閉めて、二十分はちょっと開くのか。やり方はいくらでもあると思う。

福田卓也とアルコ&ピースの共通点

宮嵜 平子君が『D.C.GARAGE』で思い出に残ってるのは？

平子 いわゆるファルコン騒動[★10]があったじゃないですか。騒動は騒動として、またちょっと別個の話なんですけど、あのとき、スタッフも僕らも自然と全員それぞれに謝り合ってたのがすごく印象的なんです。「ごめんなさい」「いえいえ、俺もごめん。変に助長させちゃって」「いやいや、僕らが」とか、全員が謝り合ってて。それをメチャクチャ覚えてるんですよ。騒がしちゃって申し訳ないっていうのは当然あるんですけど、みんな自分の責任として謝り合ってるのはいいなって思いました。

★10 二〇一八年五月、番組では映画『アベンジャーズ』などマーベル作品に出演するキャラクター・ファルコンの話題で数週間盛り上がり、六月五日、翌週のスペシャルウィークで「アベンジャーズからファルコンを脱退させようSP&アベンジャー

酒井 あのとき、太田（光）さんがかばってくれたじゃないですか。「お前ら、ヒーロー好きなら、そんなディスり方すんなよ」みたいな。あれはカッコよかった。「兄貴‼」みたいな感覚があるんですよね。

平子 おぎやはぎさんは「俺たちは許さない」と言ってきて（笑）。「まあ、俺ら見たことないんだけど」と言ってましたけど、そのあとも電話をかけてきてくれたり。

酒井 それぞれらしさが出てて、最高でしたよ。

宮嵜 前段でTBSラジオでの関係性を築けておけたのがよかったよね。照れずに言うと、ラジオってハートのメディアじゃない？

平子 ハートのメディア……？

酒井 メチャクチャだせえな（笑）。それはもう言いすぎですって。

宮嵜 これはこの本のキーワードなんだけど……今から書き直さないといけないなあ（笑）。でも、そう思っているの。

酒井 まあまあ、たしかに言いたいことはわかりますよ。

宮嵜 それぞれの番組に出演して、うっすら繋がりができていたからこそ、「一回うちに出てくれたアルピーが窮地なら助けよう」っていう気持ちが絶対に働いていたと思う。

ズ新メンバーオーディション！」を開催すると発表。インターネットで炎上すると、翌週の生放送で謝罪。ゲストに土岐麻子を迎え、メールテーマは「ブラックサバンナの歌詞の解釈」に変更となった。

もしその前に繋がりがなかったら、全然いじらなかったかもしれないし。酒井君は思い出に残っていることってある？

酒井 やっぱり生放送に思い出があるんですよね。生放送の前だけヤニ組……僕と宮嵜さんと福田の三人で、二十四時五分前とかにみんなでタバコを吸うじゃないですか。あのときの「よし、やろうか！」みたいな雰囲気がメチャクチャ好きなんですよ。これ、録音にはない感覚なんですね。真っ暗な外の喫煙所でみんなで吸う、あの感じが好きです。

宮嵜 「ラスイチいっとく？」って（笑）。

酒井 「ラスイチいっとく？」のあの一服が好きだわ。

平子 その間、誰もスタジオにいないから、僕はずっとエロ画像見てるんですよ（笑）。

宮嵜 火曜日は石井君が星野源さんの『オールナイトニッポン』を担当していたから、前に生放送をやってたときは僕がキューを振ったんだよね。

平子 福田がいなかったとき、ブースの中に一緒に入ってくれたことがありましたよね。

酒井 なんか緊張してたなあ。

宮嵜 あのときはドキドキよ。福田君ってやっぱりすごいんだなって思った。福田君ってさ、たぶん二人が会話しているもうちょい先を見据えながら振る舞うじゃない？　それができなかったんだよね。二人の話に後ろからついていった感じがあった。

酒井　スタジオに入って、作家さんみたいな立ち位置でやったことはあるんですか？

宮嵜　あるある。『デブッタンテ』[★11]のときも中に入ってたよ。だから、なまじ多少の経験があったからこそ、「福田卓也すげぇ」って思った。収録が終わったあと、福田君にLINEしたもん。「福田君のありがたさが身に染みた」って。いやあ、スーパーマンだね。福田君とはずっと一緒にやってるけどどう？

平子　『オールナイトニッポン』をやる前に、有吉さん[★12]のラジオでアシスタントをやらせてもらっていて。僕らのラジオの始まりがそこなんですけど、福田はサブ作家で入っていたから、ホントに最初からの関係です。映画が三人とも好きなんで、風景を思い描くのは共通項で。映画の独特な風景だとか、あり得そうなシチュエーションの思い描き方は福田が速いですね。

宮嵜　そこが三人に共通してるから、トークもどんどん進めていけるんだろうね。そこで誰か一人でも違う情景を想像してたら、話はちぐはぐになっちゃうだろうし。いや、アルピーはいい人と出会ったよ。

★11　TBSラジオで二〇一四年四月〜二〇一六年九月に放送。土曜日深夜の一時間番組で、パーソナリティはうしろシティとハライチ。前半と後半で分担し、最後に四人のクロストークを行う形だった。

★12　『有吉弘行のSUNDAY NIGHT DREAMER』。JFN系列で二〇一〇年四月にスタート。有吉と同じ太田プロダクション所属の若手芸人が月替わりでアシスタントを務めており、アルコ&ピースは二〇一二年から定期的に担当している。

『JUNK』の枠をやりたいけど、終わってほしくもない矛盾

酒井 僕から見た宮嵜さんの印象を話すと……僕はたぶん宮嵜さんのいろんな面を知っているんですよ。プライベートの面とか、スケベな面とか。一緒にフットサルもやったり、同じスマホゲームもやったりしているんで、「いつちゃんと仕事をしているのかな？」とは思ってます。ただ、そもそも僕らがこうやってTBSに入れたのも宮嵜さんのおかげなんで。ファルコン事件のときも守ってくれたんだろうし、たぶん見えないところで、僕らにわからないように、メチャクチャ動いてくれてるんだろうなとは思ってます……。

宮嵜 ありがとう。いやあ、嬉しいなあ（笑）。

メッチャ褒めましたよ、宮嵜さん（笑）。

平子 僕が一番覚えてるのは、宮嵜さんと直接喋ったことじゃないんです。何かの飲み会の席かな、打ち上げかな、覚えてないんですけど、近くで宮嵜さんが誰かと喋っていて。酔っ払ってたと思うんですけど、「俺はね、ラジオはパーソナリティが何を体験したかじゃなくて、そのとき何を思ったかだと思うんだよ」って言ってたんです。僕はそれま

での『オールナイトニッポン』でも体験報告が苦手で。そこで自分がどう思ったのかを大事にしたいけど、「これってリスナーに届いてるのかな」とか、「もっと派手に喋らなきゃ」「大オチがないとダメなんじゃないか」なんて考えてしまっていたんです。ホントは手の届く範囲内のことを深く喋りたい人間だったから。体験話ができる人はすごいし、体験のこともホントは広げて喋りたいんだけれど、今の方向で大丈夫なのかなと思っていたら、宮嵜さんがたまたまバチコーンッてハマる話をしていて。それで、「ああ、いいんだ」って昇華されたんです。悩んでいたことを言語化してくれたっていうか。直接は言われてないけど。

宮嵜 そいつすごいね（笑）。

酒井 あなたですよ！

宮嵜 ハライチとの対談でも話したんだけれど、普通に生きてたら、そうそう毎週、超絶おもしろいエピソードなんてないじゃない？ しかも、ラジオって、その人自身を聴くメディアな感じがするから、話がおもしろいから聴く人もいるだろうけど、一番はアルコ&ピースが好き、平子君が好き、酒井君が好きだからなんだよね。そこで話すことはその人そのものが出る話で十分事足りるというか。その人を介さないと出てこない考え方だったり、意識だったり、ものの捉え方を出せる場所なんだから、ラジオってそれでいいんじゃないかってずっと思っている。

平子 その流れで言うと、最近気をつけ始めたのは、買い物したときにその品物の値段を言うようにしたんですよ。時計を買った。車を買った。でも高い。その値段を払ったことを僕がどう思っているか。それがどのぐらい高く感じて、どんだけダメージを受けたのかとかも喋るようにしたいなって思いはあります。その値段だけを聞いて、「なんだよ、自慢かよ」って外から文句を言ってくる人はいるけど、長く聴いてくれる人にはちゃんと細かく話そうって決めましたね。外の人はいいやって。

宮嵜 いろんな番組をやっているけど、今後、ラジオでやってみたいことってある？

酒井 静岡[★13]でやってますけど、もう二個ぐらい地方の番組がほしいですね。静岡と……じゃあ、北陸と九州がいいかな。

宮嵜 うまいもんがあるところじゃない？（笑）。SBSでホントに楽しそうにやってるもんね。

酒井 最高ですよ。サウナもあるし、美味いもんもあるし。

平子 僕は単純に「TBSラジオの深夜二時間」なんですけど、まあ、ジジイがどかない

★13 『日曜ヒマするあなたに送る ヌンヌンヌーン！』。酒井がパーソナリティを務める番組で、静岡のSBSラジオで二〇二一年四月にスタート。二〇二二年三月までは同局で『まだ帰りたくない大人たちへ チョコレートナナナイト！』が放送されており、酒井はそこで矢端名結アナウンサーと出会い、結婚した。

（笑）。もう何年も前から、ジジイたちは「眠い眠い」言いながらやっているのに、全然どかないから、ホントは楽しくて仕方ないのに、わざと「眠い眠い」って言ってるんじゃねえのかとすら思いますから。僕は朝の番組[★14]も始まったので、朝は朝でやりやすさも楽しさも感じているんですが、反動で「そう言えば深夜の二時間生枠から離れてるなあ」って思うんです。今は似たようなことをやっているようで、まったくやってない。あの深夜の感覚は懐かしいですけどね。ただまあ、どきそうにない（笑）。

酒井 宮嵜さん、どうなんですか。『ＪＵＮＫ』の現状、そして我々のＪ１昇格みたいなことはどう考えてるんですか？

宮嵜 そんなこと簡単に喋れないよ（笑）。それってさ、ＴＢＳラジオじゃなくても、夜中の一時〜三時の二時間生放送ができるよってなったら、やってみたい？

平子 いや、ＴＢＳがいいなあ。

酒井 やっぱ『ＪＵＮＫ』じゃないですか。それはそうっすよ。あの枠です。

宮嵜 嬉しいし、心苦しいし（笑）。

平子 でも、「なかなかどかねえぜ」というのは、僕らにとっても安心材料の一つなんです。すぐに終わらないとか、パーソナリティが「もういいや」って思わないとか、そう

★14 『おとなりさん』。文化放送で二〇二一年四月からスタート。月〜金曜日に放送されており、平子は月曜日を担当。アシスタントは坂口愛美アナウンサー。

いう環境に憧れてるんであって、そうじゃなくなったら、僕らにとっても憧れの対象じゃなくなるし、そこは矛盾してるんですよね。あんなオジサンたちが眠そうにしながらも楽しそうにやっている環境だからこそ憧れであって。このまま誰もどかずにこっちも還暦になるんじゃないかって勢いがあるからこそなんです。

宮嵜 ハッキリ言うと、僕も矛盾した立場ではある。例えば、今の『ＪＵＮＫ』のパーソナリティの誰かが不可抗力で辞めなきゃいけない状況になったとする。そんな風に考えたくもないんだけど、プロデューサーとして代わりを務められる人間が誰もいない状況にはしたくないわけ。そのときに、誰に任せるかとなったら、二十四時台の面子（メンツ）にかかってくるわけよ。これで答えとして汲んでほしいんだけど……。

酒井 とりあえずは控えまで、でね。

平子 入りたいとは思っているけど、だからと言って、長年盤石のお兄さん方の誰かが抜けたら僕もガッカリするんです。〝その曜日はその人〟って印象の強さがあるし、その番組のリスナーの思いも乗っかってくるから、おいそれと誰かが抜けて、僕らがそこに入ればいいとも思わないっていう。辞めないでほしいし、終わらないでほしいけど、そこに入りたくもあるんです。

ラジオは最後に残された〝おちんちんメディア〟

宮嵜 ラジオは仕事の中でどんな位置づけになっているの？

酒井 『D.C.GARAGE』は月曜日収録なんですけど、「また一週間が始まったな」って思わせてくれるんですよ。それまでに「フリートークどうしよう？」とか考えてて、「よし、これでいこう」って月曜日に決めて、なんとなく赤坂に向かうんですけど、それが一週間の中で仕事の軸足になってます。これなかったら怖いですね。僕なんかマジで何も考えずに生きていくでしょうから。

平子 ラジオってもともとはテレビで世に出たお兄さん方の息抜きだったり、自分のホントの思いを吐露する場所、長尺で話せる場所っていうイメージがあったんですけど、僕らはちょっと特殊で、メディア関連はラジオから始まってるんですよね。当初はほとんど他のメディアにも出てない状態でしたから。そういう中で聴いてくれていた当時のリスナーが今、テレビ業界に入って、辞めずにADとして頑張って、ディレクターになってきたんです。「なんで頑張れたっていうと、いつかアルピーさんと番組をしたかったから」って各所で今言われるんですよ。僕らが今テレビの仕事がちょっとずつ増えているのは、ラジオがあったからなんですよね。だから、他の人たちとは逆なんです。ラジオから始まって、それがテレビに派生したちょっと珍しいタイプというか。ラジオ生まれラジオ育ちで、たまに出稼ぎでテレビに出ているような感覚です。

宮崎 うんうんうん。

平子 テレビがどんなに忙しくなったって、ラジオはありがたいことに増え続けてるし、ずっと長いことやらせてもらえてますし。悔しいんですよ。ホントはテレビにたくさん出て、それからラジオに出たって言いたいんですけど、残念ながら認めざるをえない。僕らがラジオ生まれだっていうのは。

宮崎 最初にタイトル候補が「なぜラジオなのか」だったという話をしたじゃん？ 今はNetflixやAmazon Prime Videoもあるけど、それでもなぜラジオを聴く人は一定数いるんだと思う？ もっと言うと、ネットラジオだったり、Podcastだったり、ラジオに近いものはいっぱいあるのに、地上波のラジオが生き残っている。なんで選ばれているんだと思う？

平子 若いリスナーが「自分に話しかけてくれるみたいな感覚がある」ってよく言うじゃ

ないですか。映像がないぶん、逆に言うと、頭をグルンと回転させられる人向けの贅沢なメディアでもあるかなって思うんですよ。聴かない人はたぶん一生聴かないじゃないですか。でも、頭の中で何かを想像して絵を描きながら聴ける、そういう能力を持った選ばれし者のメディアの可能性もあるんじゃないかって。そういう能力に長けた人たちが好んで聴いてくれているんだろうなと思います。ある意味で、能力者というか。だから、僕らとも感性が近いんじゃないですか。頭の中で想像して、ゼロイチで何かを作って、演じたり漫才したりする感性と、似ている人が聴いてくれているのかなと思いますね。

宮崎　なるほどね。酒井君はどう思う？

酒井　僕は単純に大人が〝おちんちん〟って言える媒体だからかなって。いつラジオでもダメになるかわからないですけど、最後に残された〝おちんちんメディア〟じゃないですか（笑）。まだなんとなく緩くて、何が起こるかわからないと思わせてくれる媒体なのかもしれないですね。

宮崎　わかる。たぶんどこでもおちんちんは言えると思うんだけど、地上波の公共の電波を使っている場所でおちんちんが言えると、おちんちんの価値がちょっと違ってくるよね。

酒井 マジでそうです。TBSラジオって一個入ってるだけで全然違うんですよ。

宮嵜 フリになっているというか。絵があるかないかの差異もあるけど、じゃあ、絵がない同士の似通った音声コンテンツで比較したとき、おちんちん基準で考えると、TBSラジオで出たおちんちんと、どこぞの誰がやってるかわからないPodcastで出たおちんちんは価値の違いがあるよね。

平子 全然剝けてないですもんね。

宮嵜 そうだね（笑）。

平子 逆に僕は嫌ですもん。閉じられたコンテンツの中の音声配信で、おちんちんって言ってたら、逆に嫌悪しちゃいます。それは自由すぎる場で自由に振る舞っているだけですから、品性がないなって感じちゃう。品格がある場でのおちんちんだから価値があるっていうね。

宮嵜 そのおちんちんはタキシード着てるよね。前者はたぶんパーカーを着てるもの。

平子 あっちはカジュアルですから。燕尾服を着た亀頭ほどおもしろいものはないですよ（笑）。

クールでドライなのに熱狂を生む能力

一見するとどこかドライ。ちょっと欠けている人間性。欠けた部分があるからこそ、僕らリスナーがシンパシーを感じるのか。完成された人間性と社会性がないから「自分と同じだ」と感じる。そんな側面が熱狂を生むのかもしれない。

「アルコ&ピースのオールナイトニッポン」に「家族」というコーナーがあった。本当の家族には言えないリスナーの日常を送ってもらうコーナー。僕はこのコーナーの入り口が大好きだった。家族にも友人にも言えない、だけどアルコ&ピースになら言える。なぜなら僕らと一緒だから。そう思わせる側面もラジオパーソナリティにとって大きな武器になり得る。

小説にまでなった二人のラジオ。二人の魅力を知り尽くした作家福田君とのチームワーク。ライブをやれば集まってくれるリスナーの熱は絶対に生まれるはずだ。だから僕は彼らとライブをやりたい。もう四年も前から考えている。

貫いてメジャーになったハライチ

二〇二三年一月、ハライチはフジテレビの帯番組「ぽかぽか」のMCに起用された。ハライチが平日のお昼にテレビの帯番組でMCを務めることを、僕はどこか必然であると感じた。岩井君からその話を聞いたとき、声には出してないけど「ほら〜やっぱり！」と思ったくらい。予感が的中した自慢でもなんでもなく、やっぱり二人には華と才がある。おまけに最近は人を惹きつける色気だって出てきた。

初めてハライチを知ったのは、M-1グランプリのファイナリストになる少し前。二〇〇九年。ライブで観た〝ノリボケ漫才〟は秀逸だった。完全にハライチにハマった。国民の弟（に見える）澤部君と根暗ヤンキー（に見える）岩井君。なんとバランスの取れたコンビか。

知り合ってからラジオを始めるまでは努めて関わりを持つようにした。何かにつけて二人を起用した。二人はことごとく期待に応えてくれた。

「爆笑問題の日曜サンデー」では特集コーナーのプレゼンターのほか、時には赤坂サカスで中継をしてもらった。極楽とんぼのお二人との対談で出た、澤部君の横っ腹を僕がつねったのはこのときだ。三〇〇回記念で明石家さんまさんをお招きした回では、リスナーにおせんべいを配る中継に出てもらった。

岩井君には「おぎやはぎのメガネびいき」で深夜にマラソンをしてもらったし、「おぎやはぎのクルマびいき」ではドライブで草津温泉に行ってもらった。宿泊先は予算がなかったので草津の僕の実家。岩井君は実家に到着するなり僕の父からビールを強引にすすめられて困惑した様子だった。ところが持ち前のコミュニケーション力で、あのマッドな父をものの数分で操っていた。


「ハライチのおもしろさをもっともっと知ってもらいたい」と、いろんな仕事を共にした。二人の努力と才能で知り合った頃からは考えられないほど忙しくなったハライチ。多くの人から評価され求められる存在となった。

そんな存在になったハライチが三年前から始めた単独ライブ。二人から演出をお願いされたとき、涙が出るほど嬉しかった。

二人のキャラクターと関係性が活きる「ハライチのターン！」。

例えば営業タイアップ企画って、やり方やテンションを間違えるといやらしく聞こえるときがある。だけどハライチは違う。岩井君の言いたいこと言っちゃうキャラクター、澤部君の上手に受けてバランスを取るキャラクター、それが合わさったハライチだからスポンサーにもリスナーにもおもねることなく企画が成立している。

これは誰でもできるものじゃない。そういうキャラクターと関係性でずっといられるハライチの素質だ。

「ハライチのターン！」が人気になったのも、タイアップが続くのも、そしてテレビの帯番組のMCというメジャーな領域で活躍することになったのも、二人が変わったのではなく、周りが、あるいは周りの見方が変わったからなんじゃないか。

だって、ハライチはハライチをずっと貫いていたのだから。その素質に周りが気付けなかっただけ。僕も含め。

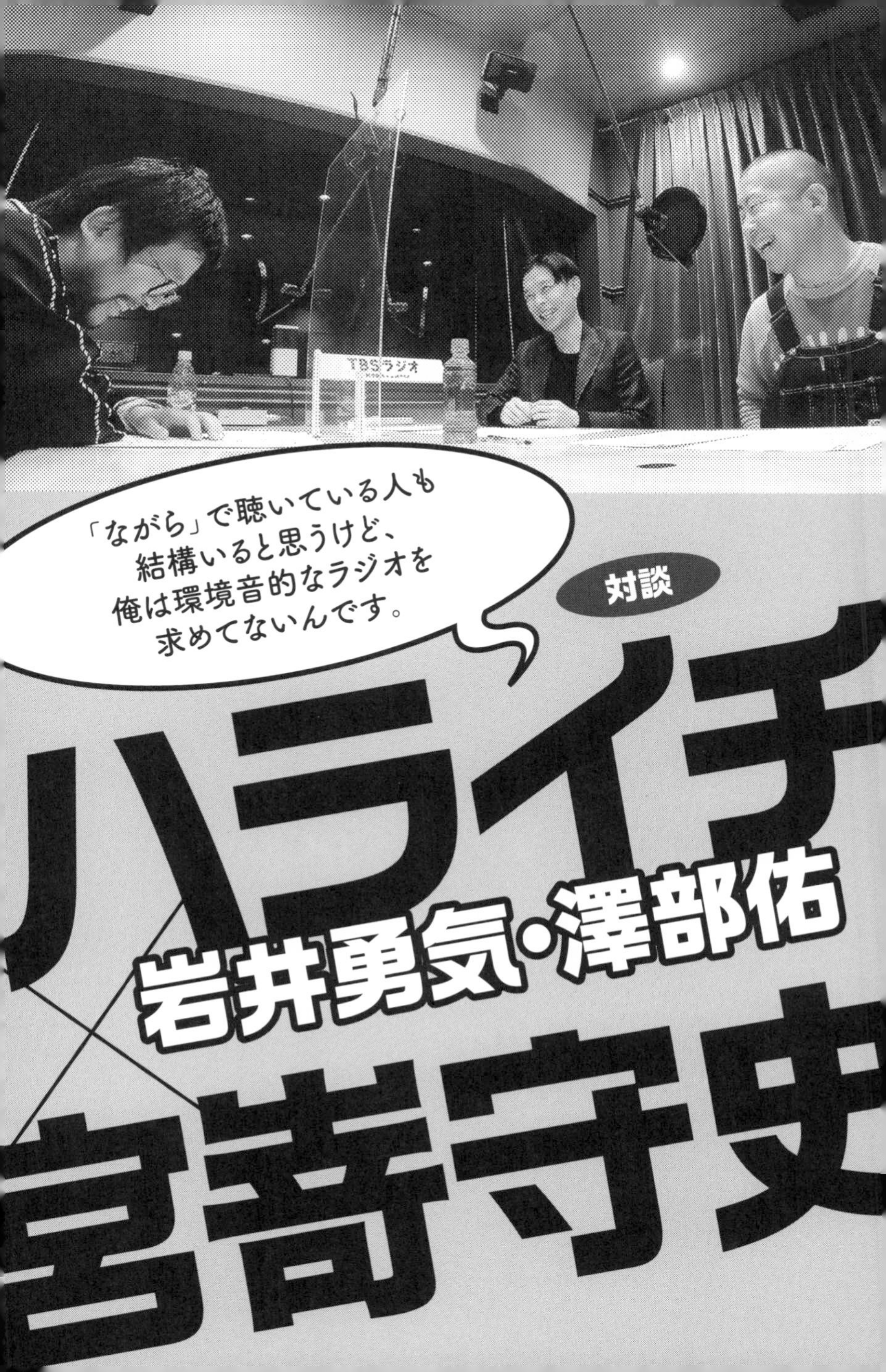
TBSラジオ
「ながら」で聴いている人も
結構いると思うけど、
俺は環境音的なラジオを
求めてないんです。
対談
岩井勇気・澤部佑

岩井の可能性を感じた焼鳥屋でのアニメ話

宮嵜 最初に会ったときのことって覚えてる？

澤部 トークライブの会場で挨拶したのは覚えてます。

宮嵜 表参道GROUNDで定期的にやっていた『ハライチ×ハライチ』[★1]ね。ワタナベのライブやDVDの『8号線八差路』[★2]も見ていて、注目はしてた。ハライチの当時のマネージャーさんが常々僕に「ハライチの二人にラジオをやらせたいと思っているんです」って言っていて。「一度でいいからトークライブを見に来てください」と誘ってくれたから、何度か足を運ばせてもらったんだよね。

岩井 トークライブのあと、一緒に表参道の焼鳥屋に行きましたよね。俺らのトークライブを見て、「これならラジオがやれそう」って思ったんですか？

宮嵜 実は思わなかった。トークライブとラジオってまた全然違うじゃん？　むしろ、焼鳥屋で思ったよ。「ラジオをやったらおもしろいんじゃないか」って。

岩井 へぇ〜。

★1 二〇一〇年八月にオープンした表参道GROUNDでハライチが定期的に行っていたトークイベント。二〇一五年まで開催されていた。二〇一三年にはポイントカードが導入され、宮嵜も持っていたという。

★2 二〇一三年八月に発売されたハライチ四枚目のDVD。

澤部 なんでですか？

宮嵜 なんでだろう？（笑）。

澤部 そこが聞きたいところなんですよ！

岩井 そこが本になるんじゃないですか？

宮嵜 澤部君は〝もう〟だったじゃん？ もう何でもできるって印象だった。岩井君は最近見ておもしろかったアニメの話をしてたんだよね。その話を聞いて、そのアニメを見たくなったの。それで「ラジオが向いてるな」と思って。

岩井 話したのは『モノノ怪』とか、新作だった『ゲゲゲの鬼太郎』とか、『（天元突破）グレンラガン』とか、その辺だった気がします。「猫娘の背が昔より伸びてる」[★3]って話をした記憶がありますね。

宮嵜 話を聞いてアニメを見たくさせるってすごいことだと思うんだよ。おもしろかったアニメの話は誰にだってできる。だけど、聞き手に「見てみたいな」と感じさせるのは、ラジオのパーソナリティが持っていなきゃいけない力の一つなんじゃないかって思ったんだよね。

澤部 そのとき、最近見たアニメを聞いたのは岩井のテスト的な感じだったんですか？

★3 二〇〇七年から放送されていたアニメ『ゲゲゲの鬼太郎』（第五作目）から、猫娘の背が大きくなり、頭身も伸びて、髪型もベリーショートとなり、可愛らしいデザインに。鬼太郎への恋愛感情も強く描かれるようになった。

宮嵜 そんな風には思ってない。全然思ってない。

澤部 普段通りの適当な会話からそうなったんですか。

岩井 アニメの話をしたのがよかったのかもしれないですね。そのアニメがどれだけ好きかをガーッと話す人っているじゃないですか。俺はそもそもそれがすごい嫌いなんで（笑）。ラジオをするにあたって宮嵜さんがいつも言っている〝一見(いちげん)さんでも聴けるような感じ〟や〝自分よがりにならないラジオ像〟と、俺のアニメの話が合致したのかもしれないですね。

宮嵜 好きだけじゃ不親切で、ラジオだとそこにプラスして、人が聴いていることを意識しなきゃいけないじゃない？ 聴いている人がいる以上、その人に興味を持ってもらうとか、その人のプラスになる要素を付加しないといけないと思ってて、それこそがラジオという感じがする。岩井君はそれができてたんだよ。

岩井 宮嵜さんは最初から俺らにそういうことを教えてくれましたけど、でも一方でそうじゃないラジオもいっぱいあるじゃないですか。今聴いてくれている人、ずっと聴いてくれている人たちをとにかく大事にするようなラジオ。それが悪いってわけでもない。そう考えると、ラジオの正解は特にないんじゃないかって思うんですよ。おもしろすぎると聴かない、聴き流せるぐらいじゃないと聴かないって人もいる。でも、そういう番組を目指すのも俺としては意味わからないから、〝おもしろい〟を求めてやってるんですけど。俺はラジオ主軸の人間じゃないんでいいんですけど、宮嵜さんはラジオの人じゃないですか。宮嵜さんの是は何なんですか？

澤部　なるほどね。

宮嵜　二人にずっと言ってきたことが正解だと思っているし、正しいことだと信じてやってる。やってるけど、正解・不正解じゃないって岩井君は言ったけど、ホントにそうなんだよ。ラジオ以外にも今は音声コンテンツが多様化しすぎちゃって、正解ってもはやどこにもない。だけど、地上波の放送局にいる身としては、百人いたら百人が聴いておもしろいって思ってもらえるものをまずは目指さなきゃいけないって考えてる。

澤部　地上波でやるからには。

宮嵜　うん。不特定多数に届けているわけだし、理想としてそれを目指さないと進歩はないと思うから。そんなの無理だって思う部分はあるけど、最初から無理だってやらないんじゃなくてね。もちろんファンにだけおもしろいと思ってもらえればいい、車好きだけにおもしろいと思ってもらえればいい、そういう番組があったっていいわけじゃん？

今はニッチなものもウケてるし、共存できるのがラジオの自由さだったりするから。だから、今僕が言ったことと反対の話になっちゃうけど、放送局も変容してきて、ニッチな話題を取り上げる番組が増えていると思う。

岩井 ああ、なるほど。ラジオ界はそっちの傾向にあるって感じですか？

宮嵜 ニッチな番組がタイムテーブルの中にあったっていいと思う。そんな中でも、やっぱりお笑い芸人を起用している以上、『ハライチのターン！』は、ハライチの話しているることがおもしろければおもしろいほど聴く人が多くなって、聴く人が多くなったらスポンサーがつく……というわりと昔からあるスキームでやっているよね。

岩井 じゃあ、ニッチなジャンルの番組をやるとしたら、その手法は取らないですか？

宮嵜 取らないと思う。もちろん超えなきゃいけない最低レベルはあると思うよ。話がちゃんとおもしろくなきゃいけないし、興味を持ってもらえるように喋ることは必要。

岩井 そもそも俺はラジオをほとんど聴いてないし、そこに宮嵜さんが今話したような考え方をすり込まれてきたんで、芸人ラジオでも閉鎖的な番組は聴けなくなりましたね。

宮嵜 わかる。メチャクチャわかる。澤部君は反対に昔からラジオを聴いてたんだよね？

澤部 聴いてました。俺はそれにのめり込んでましたからね。〝俺らだけの〟みたいな雰囲気が楽しかったんで。

岩井　伊集院（光）さんも爆笑問題さんも安住（紳一郎）さんもそうですけど、全然リスナーを囲わないじゃないですか。

宮嵜　そうだね。その人の中で正しいと思っていることをやればいいというのが前提なんだけど、僕も好みとしては、門が全開になっている番組がいいなって思ってる。長年やってきた今はね。だからこそ、『ハライチのターン！』でリスナーの呼び名を番組が能動的に決めようなんてことになったら、ちょっと嫌だったりする。

澤部　うんうん。

宮嵜　リスナーからの「こういう名前にしましょうよ」を紹介するなとは言わないんだけど、番組から「リスナーをなんて呼びましょうか」ってやっちゃうのは違うんじゃないかって。何十年も放送してて、何十万人、何百万人が聴いてたらいいんだけど。ラジオ番組ってその扉を閉めるタイミングが重要だと思うんだよね。

岩井　なるほど、なるほど。

宮嵜　結局、ラジオってマスメディアだとは言いつつ、今は〝太客商売〟なわけ。リスナーの熱が高いからさ。例えば、番組でグッズを作ると、番組が好きな人だったら買う確率は高いわけじゃん？　だから、潜在的に太客商売ではあるんだけど、開けた扉を閉めるタイミングと閉め具合が大事で。番組ができた直後に、リスナーの呼び方を決めたり、最後の挨拶を決めたり……。

澤部　ありますね（笑）。

宮嵜　それってもう扉を閉めちゃっているわけだからさ。そうなると、新しいリスナーはなかなか入れない。もちろんそれが良さでもある番組もあるよ。深夜ラジオの定石みたいなものってあるじゃない？　最初に挨拶して、トークして、後半にコーナーやって。生放送だったらメールテーマを決めて。それが悪いわけじゃないんだけど、全部が一様じゃなくていいなとずっと思ってたの。鯛焼きの型みたいに全部の番組が判で押したように、同じ構成でやる必要はないって考えてて。

『ハライチのターン！』は深夜ラジオのカウンター

岩井　だから、うちのラジオは特殊なんですね。トークを最後に持ってきてて。

宮嵜　特殊だね。

岩井　なんでそうなったんですか？

宮嵜　前身の『デブッタンテ』のころはミニコーナーもやってたじゃない？「西田大明神」[★4]のコーナーとか。

澤部　ああ、ありましたね。

宮嵜　コーナーもおもしろいんだけど、『デブッタンテ』は三十分で、『ターン！』は一時間になったでしょ？　ハライチのラジオでどこが一番おもしろいかなって考えたら、二人のトーク。だったら、そのトークを聴いたあとにコーナーをやっても、あんまり楽しんでもらえないんじゃないかって。さっきの鯛焼きの型の話じゃないけど、とにかく全部深夜ラジオのカウンターにしたかった。全て反対のことをやりたいなって思って。

岩井　なるほど、なるほど。へえ～。

宮嵜　(((さらうんど)))の『夜のライン』をテーマ曲にしているでしょ。既存のJ-POPを番組の主題歌のように使うって深夜ラジオではあんまりないじゃない？　それもカウンターになっていて。

岩井　しかも元気な曲でもないですからね。

★4　『デブッタンテ』初期で放送されていたコーナー。澤部が「『探偵！ナイトスクープ』で共演している西田敏行は尻から五円玉を生む神様ではないか？」という自説をアピールすると、リスナーから様々な意見が届き、コーナー化されたが、短期間で自然消滅した。

澤部 芸人の深夜ラジオ感は確かにないですね。

宮嵜 『夜のライン』はミドルテンポだしね。一時間になったときに、勢いのある音楽をつけて、タイトルコールしてからフリートークをしてさ。後半にコーナーがある形にしても、おもしろくなったと思うよ。だけど、ハライチの冠がついた一時間のレギュラー番組って個人的には念願だったんだよ。だから、二人には悪いけど、自分の思いを全部詰め込ませてもらったというか。

澤部 最高じゃないですか（笑）。でも、だからってわけじゃないですけど、最初はやっぱり不安がありました。俺には聴いてきた深夜ラジオのイメージがあったんで。最初のころはなんかフワフワしてましたもんね。でも、それがだんだん良くなっていって。中身が固まっていったというか。

宮嵜 『デブッタンテ』の頃に、うしろシティと一緒に二組でやってたのもよかったんだと思うよ。うしろシティの収録もハライチはブースの外で見てたじゃない？ もしかしたら注意多めだったのはうしろシティかもしれないけど。〝人の振り見て我が振り直せ〟じゃないけれども、そういう影響も二人の中にちょっとずつあったと思う。逆もそうで、うしろシティもハライチを参考にした部分はあったと思うから。

岩井　『デブッタンテ』は最初ハライチが前半で、後半がうしろシティさん担当でしたけど、途中からハライチが後半になったじゃないですか。俺のフリートークが全体の最後になったんで、妙な責任感があったというか（笑）。

澤部　ちゃんと締めなきゃっていうね。

岩井　しんがりだから、ちゃんとした話を持っていかなきゃって思ってました。お茶を濁せないというか。『ハライチのターン！』もそうですけど、別に最後に抑えのコーナーがあるわけじゃないから。

宮嵜　保険がないからね。逆に岩井君のトークが保険になっちゃってる。

岩井　今でもそれでずっとやっている気がします。といってもエピソードを別に喋らないときもありますけど、それに対する重圧は他のラジオと違うかもしれないですね。

宮嵜　それが程よいプレッシャーだったらいいんだけどね。押し潰されるぐらい重たい石だと、ちょっと申し訳ないなと思うけど。

岩井　ずっとラジオを聴いてきて、メチャクチャ大事に思ってたら、そう感じたかもしれないですけど。聴いてないし、まあまあ、申し訳ないですけど、弱めのコンテンツだろうとちょっと思っちゃってるから。

宮嵜 いや、そうだと思う。ラジオで働いている人は結構そこは自覚していると思う。

澤部 おぎやはぎさんも言ってるしね。

宮嵜 おぎやはぎは「誰も聴いてないと思ってるから、余計なこと言っちゃうんだよ」って言うもんね。

澤部 『デブッタンテ』★5の最終回でみんな怒られたじゃないですか。あれもデカかったですけどね。四人ともフリートークがあったけど、全員フワッとして、最終回なのにビシッと終わらせられなかった。それで宮嵜さんが一喝したというか。それから全部録り直したんですよね。

宮嵜 あったね。

澤部 あれはちょっとしびれたというか。『デブッタンテ』を長くやらせてもらって、ちょっと緩んでたのかなって。

宮嵜 ラジオをどれだけ重く捉えているかは別として、その先に『ハライチのターン！』と『うしろシティ 星のギガボディ』★6という一時間のラジオが決まったという余裕もちょっとあったんだと思うんだよ。それが収録で出たんじゃないかって。

岩井 宮嵜さんが半ギレでブースの中に入ってきてね。

★5 二〇一六年九月二十四日放送。一時間全てがうしろシティとハライチのクロストークとなった。番組前半で宮嵜から怒られたことを告白し、四人はそれぞれ反省の弁を語っていた。

★6 TBSラジオで二〇一六年九月〜二〇二一年三月に放送。水曜日の二十四時台にオンエアされて、『アルコ＆ピース D.C.GARAGE』、『ハライチのターン！』と並んで、二十四時台三兄弟と呼ばれていた。

澤部 半ギレって（笑）。まあ、それは「ちゃんとやれよ」ってことだから、キレてはいるよね。

宮嵜 『デブッタンテ』は二年半やったんだけど、あのときは「今までのは何だったんだよ」って思ったの。それで、「当たり前のように一時間番組を持てたと思うなよ」という気持ちになって。僕が全部やったわけじゃないけど、いろいろと苦労してきて、やっとそれぞれの場を用意できたわけだからさ。「このままじゃ一時間やらせられない」って思ったんだよね。他にラジオをやりたい人はたくさんいるんだから。

岩井 ただ、俺は納得いってないんですよ。

澤部 なんでだよ！（笑）。

岩井 俺はてっきり他の三人が最終回に合わせて最強のトークを持ってくると思ってたんです。そうしたら、全員薄い内容で。俺は三人がちゃんとしたトークをやるだろうと予想していたから、あえてスカしたトークを用意してたんですよ。そうしたら全員スカした最悪な形になって、「ふざけやがって！」と思ってました。

澤部 ふざけやがってじゃない。こっちの三人も一週間かけて考えてきたんだから。

岩井 俺の計画が台無しになって（笑）。

澤部 それはしょうがないよ。

宮嵜 コントラストをつけようとしていたんだ。最終回でゴリゴリに力が入ったトークが三人続くだろうから、最後に岩井君がサッとスカすという。

岩井 「最後になにやってんだ。スカしてるのはお前だけだぞ」って言われる話を持っていったんで。みんながそんな力量だとわかっていたら、俺もちゃんとしたトークを用意しましたよ。

澤部 みんなそんな週だったんだよ。そんなときもあるから。

岩井 あれは最悪でしたね。

ハライチから見た宮嵜守史、宮嵜守史から見たハライチ

岩井 宮嵜さんはわりと芸人の生き方に似ているところがあって。芸人は自分を卑下するとか、自分を下に見積もって話すことで地位を確立して、俳優やミュージシャンに対しても、自分たちがやりやすくなるようにしてきたじゃないですか。宮嵜さんもたぶん若

手時代からそれをやってきたんだと思うんですよ。なんで、今になってなかなか偉そうにできなくなっているのかなと思いますけどね。だからこそ、我々からも接しやすい。僕は親しき仲にも……という形で接してますけど、立場的にはもっと偉そうにしてもいいし、実際に偉い人だと感じてます。

澤部　俺はリスナー時代から名前を知ってたので、宮嵜さん本人がそう感じているかわからないですけど、最初はうっすら緊張感がありましたし、今でもあります。偉いとか関係なしにしても。

宮嵜　僕に？

澤部　はい。あと、ラジオで名前が出ていじられたりするから、よくいる〝案は出さないけど会議で明るい放送作家〟みたいなタイプの人かなと思われがちですけど、先輩方の番組の現場を見ていても、宮嵜さんはタイミングを見ていい言葉をかけていたり、驚かされる瞬間がたくさんあって。

宮嵜　へー。

澤部　本番前の何気ない会話で我々を乗せてくれていると感じるときもあります。その前室ブースターでオープニングがおもしろくなっているのはすごく感じるので、プロフェッショナルだなと。ちゃんとハライチを見てくれているんだなって思いますね。

岩井 あと、宮嵜さんは説明が上手いっすよね。複雑な構造の企画を説明するときに、話す順序がわかりやすいなって思います。わりと一回の説明でこっちが理解できるような感じ。他の人だったら違うんだろうなって思います。

宮嵜 いやあ、泣けちゃうねえ（笑）。

岩井 反対に宮嵜さんから見て、今の『ハライチのターン！』はどうなんですか？

宮嵜 結果から言うと、もうパーペキ。完璧だと思います。

岩井 パーペキ……？

宮嵜 葛城ミサトさんみたいになっちゃった。

澤部 パーペキって（笑）。

宮嵜 笑ってるけど、澤部君は『（新世紀）エヴァンゲリオン』見てないでしょ？

岩井 見てないよね。

澤部 うん。エヴァね。

宮嵜 『ハライチのターン！』は理想的な成長をしている気がする。もちろん細かい部分はいろいろとあるよ。あるけど、それは言うほどのものじゃないというか。

岩井　今まで具体的なテコ入れとか、「ここをこうしたほうがいいよ」とか、宮嵜さんから言われてないじゃないですか。

宮嵜　最近言ってないね。

澤部　最近というか、これまで一回もないですよね。

岩井　俺、うしろシティに言っているのしか聞いたことないですよ（笑）。

澤部　だから、どこかでずっと不安はありますよ。それこそ番組が始まった直後に、「聴いている人の評価が高くて、それが心配だ」と宮嵜さんが言ってたのを覚えてます。それぐらいしかないですよ。

宮嵜　よく収録が終わってから、うしろシティも含めて、みんなでご飯に行ってたじゃん。そのときに、こっちから偉そうにラジオ論みたいなのを語ってたでしょ？　それでわかってくれている感じがしたの。岩井君に「伊集院さんはこうしているんだよ」って言うと、次からはそれを守ってやってくれるから、ちゃんとわかってくれてるんだなって。

岩井　宮嵜さんと飯に行ったとき、毎回「最近はどうなんですかね？」って聞いてたじゃないですか。だいたい「いや、いいと思うよ」って。「この精度を上げていくだけなんじゃない？」って言うだけでしたからね。逆に「大丈夫なのかな？」という気持ちがあるんです。

澤部 岩井が毎回宮嵜さんにそれを聞いているイメージがあるな。

宮嵜 岩井君に言っていることはいつも同じだと思うよ。メール読みはもうちょっと上手くなってほしいなと思うし、澤部君は時系列の説明が多すぎて長くなるところがあるよ。あとは自分たちとの闘いかなって思う。

澤部 はい。

岩井 ……。

澤部 ……。

宮嵜 ……。

岩井 急に怒られた（笑）。

澤部 ただのダメ出し（笑）。ただのダメ出しが対談に載るじゃないですか⁉

宮嵜 でも、ＡＩの学習機能じゃないけど、自分たちで自分たちの反省点をみいだせる二人だと思っているから、どんどんブラッシュアップされている気がしてる。岩井君がちょっと前に話した、お母さんにこういう育て方をされたから、今の俺がこうなっているという話は、メチャクチャいいなと思ったよ。あれって別にエピソードでもないじゃない？

岩井 はい。

宮嵜 岩井君は今いる自分の立ち位置を客観的に見て、俯瞰で話ができるのが素晴らしいなって思う。それって注目されている岩井君になったからこそ、より効いてくるというか。オチのある強烈なエピソードトークがあったらあったでいいんだけど、そうじゃなくてもいいという話はずっとしているじゃない？ しつこいぐらいに。一週間、マイクの前を離れてから次にマイクの前に来るまでに自分の感じたこと、思ったことを外に出したときに、おもしろくて興味深い話になってたら、もらったもんだって。まずは興味を持ってもらえれば十分だと思ってる。

〝絶対におもしろくしてくれる〟という信頼感

宮嵜 何度も『JUNK』にゲストとして出演してもらったり、代打を務めてもらったりしているのは、本人たちを目の前にして言うのもあれだけど、とにかく二人を信用しているからなんだよね。もし『JUNK』パーソナリティの誰かが番組をできなくなっちゃって、次に誰がやるんだとなったら、やっぱりハライチだって思ってたから。アルピーもそういう存在だったりするし、空気階段[★7]やオズワルドなんかももちろん頼もしいんだけど。そういう意味でも、タイムテーブルを飛び越えて、番組同士で馴染んでいくのはいいかなと。そういう関係が作れるのはラジオぐらいじゃん？

岩井 確かに。

宮嵜 『JUNK』を今やっている人たちと比べたら、ハライチは二世代ぐらい下だから、上手くお兄さんと仲良くなってくれて、ハライチが認められれば、そのJUNKを聴いているリスナーにも認められるんじゃないかと。ただ、そう考えていたのは初期のころで、今はもう頼もしい以外何もないです。

岩井 よく代打で呼んでもらうじゃないですか。先輩のラジオだし、出られるんだったら出たいので、何回か……いや、何回も出演してきて。その頻度が自分ではよくわかってなかったんですけど、他の芸人と比べて一番行っているらしいと。思ったより他の人たちって行ってなくて（笑）。この前、バナナマン[★8]の設楽さんが休んだときは直前で連絡来ましたから。

★7 『空気階段の踊り場』は二〇一七年四月スタート。『ほら！ここがオズワルドさんち！』は二〇二一年四月スタート。どちらも『マイナビLaughter Night』のグランドチャンピオンに与えられる冠特番を経てレギュラー化。

★8 二〇二二年六月三日放送の『バナナマンのバナナムーンGOLD』で設楽が体調不良のため欠席に。日村とオークラで番組を行うこととなったが、急遽岩井とジャッキーちゃんが駆けつけた。百万円を懸けたクイズが行われ、岩井が正解したものの、日村が支払いを拒否し、しばらく抗争を繰り広げた。

澤部 本当の代打感があったよね。

岩井 「大丈夫⁉」となりましたけど、信用してくれている感じはします。

宮嵜 今は信頼以外何もない。来たら絶対おもしろくしてくれるっていうのがわかっているから。逆に僕が二人に甘えすぎちゃっているなと思ってるけどね。

岩井 『ハライチのターン！』って最初は宮嵜さんがディレクターでしたけど、途中で宗岡さん[★9]に代わったじゃないですか。さっきのカウンターという話を聞いて、ディレクターもそうしたのかなって思いました。もともとはTBSじゃない人の風を入れて、イレギュラーを起こしているみたいな感じに見えたんですけど。

宮嵜 宗岡君はもうバチッと番組に合ってるよね。ハライチと同じように、僕は宗岡君に全幅の信頼を寄せているし。

澤部 自分たちがそこにどう入っているのか、俺はあんまり客観視できないですけど、宮嵜さんと宗岡さんのおもしろいと思っているものが合致している感じ、一緒に楽しんでいる感じはすごい伝わってくるんで。そこに乗ってればいいんだなっていう安心感はあります。

宮嵜 宗岡君は最初からミートしていた感じがした。おもしろいと思う部分が一緒なのも

★9 宗岡芳樹。『ハライチのターン！』ディレクター。TBSグロウディア所属。以前はニッポン放送で活動しており、『ナインティナインのオールナイトニッポン』を担当。『オードリーのオールナイトニッポン』や『アルコ&ピースのオールナイトニッポン』を立ち上げた。

そうだし、「ここはどうしようか?」って迷うポイントも一緒だったりするから、非常に話が進むのが早い。ハライチとだったら絶対上手くやっていけると思ってたよ。

澤部 俺は最初「宗岡さんだ……」ってなりましたけどね。昔、ニッポン放送の『オールナイトニッポン』のパーソナリティを決めるオーディションがあって、宗岡さんが俺らを面接したんですよ。ハライチは落ちてるんですけど(笑)。

宮嵜 あっ、にっくき相手じゃん(笑)。

澤部 そのときも「あっ」てなったんですけど、またこういう形で再会して驚きました。

宮嵜 ハライチを預けられる人は誰かってなったときは、もう一択だった。宗岡君しかいないと思ってたよ。

瑣末的なコンテンツを全世界に向けて

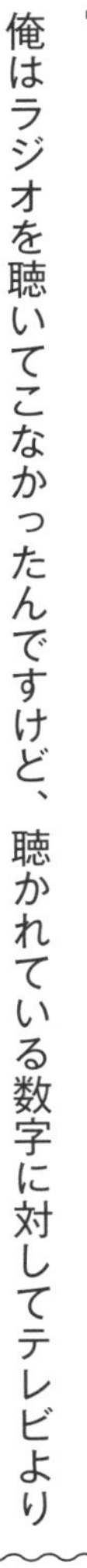

岩井 俺はラジオを聴いてこなかったんですけど、聴かれている数字に対してテレビよりも効果がある感じがします。いろいろやってきて、ラジオって意外にすごいなというの

は感じてきたので、そういう見方になってきましたね。

宮嵜　統計的に結果として出る数字はテレビと圧倒的に差があるかもしれないけど、触れている人の温度というか、エンゲージメントはすごいよね。芸人さんも「ラジオを聴いてます」って話しかけられると嬉しいってよく言ってくれるけど。

岩井　そもそも俺はラジオって瑣末的なコンテンツだと思ってたんですけど。

宮嵜　岩井君は「時間を埋めればいい」って言ってたね。あれはいい言葉だと思ったよ。リスナーさんはそれぐらいの構えでいてくれたほうがいいなとも思うし。

岩井　そのスタンスはあんまり変わらないんです。〝間口を広く〟って宮嵜さんに教えられましたけど、それってリスナーに向けているというより、俺は全世界に向けていると思っているんで。

宮嵜　そうね。

岩井　自分が思っていたラジオのイメージと、宮嵜さんの教えてくれたことを足すと、今は瑣末的なコンテンツを、瑣末的じゃない風にするためにやっている感じがします。「いや、ラジオなんて聴いてないから」っていう風にやらないことで、どう世界に向けるか。そういう感覚でやってますけどね。

宮崎　ラジオって複雑な感じもするし、単純な感じもする。完成形なのかと思うけど、不完全なメディアだなとも思う。この本の仮タイトルが「なぜラジオなのか」だったのよ。

澤部　おお。

宮崎　知ってた？

澤部　知らないですよ（笑）。

宮崎　だから、なぜ人はラジオを聴いているのか、ラジオを選んでいるのかを二人に聞いてみたいんだよね。澤部君はもともとラジオリスナーだったわけじゃん？

澤部　やっぱり芸人に憧れて、芸人になりたかったのがありました。そういう気持ちは中学のときにもうあって、そのぐらいでラジオを聴き出しているんで。自分の中では喋りのプロっていう気持ちがあって、ラジオの中で喋っている芸人さんのカッコ良さに単純に憧れていたのはデカいと思います。

宮崎　芸人さんはテレビや雑誌にも出ているじゃん。なんでラジオだったの？　ラジオにはカッコ良さがより出ていたのかな。

澤部　普段テレビで見ているあの人とラジオはちょっと違うというのがまず一個あるじゃないですか。俺らもそうですけど、劇団ひとりさんがよく言う「ラジオの岩井はもうビートたけしさんみたいだ」というのもそうで。学生時代に聴き始めて、そこは最初に惹かれましたね。全然違う世界がここにあるんだ、みたいな。だから、実際にやるってなったときは、全然自信がなかったですしね。怖かったです。

宮嵜 でも、いろんなインタビューで言っているじゃん。昔、ハライチがニッポン放送で[★10]番組をやったとき、澤部君が急に兄貴みたいな感じになったって（笑）。

澤部 岩井がそう言うんですよね。俺は別に意識してなかったです（笑）。自然と出ちゃっていたんでしょうね。

岩井 なんか深夜ラジオの定形をやろうとしてました。

澤部 そこへの憧れがあったんでしょうね。

宮嵜 じゃあ、『ハライチのターン！』でその憧れをぶち壊してやっているわけだ。

澤部 そうですね（笑）。

岩井 俺はそういう深夜ラジオ像を押しつけられたら、窮屈だったと思いますけどね。

宮嵜 岩井君はラジオを習慣的に聴いてこなかったみたいだけど、なんでラジオって選ばれているんだと思う？

岩井 無駄っていうんじゃないですけど、ラジオはいろんなものが削ぎ落とされてるじゃ

★10 二〇二二年八月二十七日、ハライチは「オールナイトニッポン0」を単発で担当。「オールナイトニッポン」四十五周年を記念して開催した「お笑いオールスターウィーク」の一環だった。

ないですか。だから、何かをしながら聴ける。今はみんな得をしたいから、いろんなことを一気に同時にやりたいじゃないですか。そういう考えも向こう側にはあると思うんですけど、俺的には削ぎ落とされているからこそ、どんな顔をして喋っててもいいのがラッキーだなって思うんですよね。俺って人相が悪いんで、人の十倍ぐらい笑わないと笑顔にならないから（笑）。でも、ラジオは顔を作ってなくても別に喋っていられるので、そっちだけに集中できるっていうか。

宮嵜　うんうん。

岩井　それってちょっとしんどいんですけど、俺には合っている感じがするんですよね。ただ、ながらで聴いている人も結構いると思うんですけど、俺は環境音的なラジオを別に求めてないんです。radikoに限りですけど、リスナーに巻き戻させたいなって思ってますけどね。

汲んだり察したりする能力

出会ったときからこの二人には言いたいことを全て言わなくても通じると感じた。感性や好みが合うってことではなく、脳みそ同士が細いワイヤーで繋がっている感じ。きっとそれは僕にだけじゃなく、他の関わる全ての人にとってもそうだと感じる。ハライチは相手の意図・目的・要望を過不足なく理解することができる。だからといって他者に合わせるのではなく、その上で意見を交わすことができる。リスナーに対してもそれができるから「ハライチのターン！」はおもしろい。

先にも述べた〝じゃない方〟がラジオで光る理論。出会ったとき、岩井君の才能や能力はラジオでこそ伝わると確信していた。姿が映らず、ある程度時間をかけて自分を出せるラジオが最適だった。継続は力なり。「実は岩井っておもしろいじゃん」っていうムードがラジオを通して徐々に伝播していくのを「デブッタンテ」を始めて実感した。

今のハライチがあるのは二人自身の運と才能と努力があってこそ。だけど、そこにラジオが一助になっていたらとても嬉しい。

親友 宗岡芳樹

四十代も半ばを過ぎると考え方も生き方も凝り固まってしまう。いい年こいた大人だ。だからこの先の人生で親友と呼べる人が出てくるはずがない。そう思っていた。もう学校行ってないし。部活もやってないし。

宗岡芳樹君と初めて会ったのは、「オードリーのオールナイトニッポン」と「不毛な議論」で〝たりないふたりコラボ〟をしたときだ。その後、ニッポン放送・文化放送・TBSラジオの三局で行う年に一度の会合で再会した。

当時、宗岡君はオールナイトニッポンのチーフディレクター、僕はJUNKのプロデューサー（なりたて）。肩書の名称は違うけど役割は同じ。オールナイトニッポンの統括とJUNKの統括。「バチバチになったりするのか？」なんて想像は一瞬で吹き飛ぶほど馬が合った。同じクラスだったら絶対仲良くなっていた。

もともと僕は「ナインティナインのオールナイトニッポン」リスナーだったので、「ヨシキさん」と呼ばれ二人から信頼されている様子をラジオを通して窺い知ることができていた。あと同業者として話を切るタイミングが秀逸だな、悔しいな、とも思っていた。尊敬とライバル心はあった。

数カ月に一度、飲みに行くようになり、仕事上でぶつかる壁、悩むポイント、業界に思うこと、いろんな面で分かち合うことができた。次第になんでも話す仲になり、形式上はライバルなんだけど、僕は一方的に大切な友人として宗岡君を見るようになっていた。

二〇一六年に「おぎやはぎのメガネびいき」の番組本を出版した。出版社のアイディアで僕と宗岡君の対談を載せることになった。対談の日、「話があるので約束の時間より早く行っていいか」とメールが来た。内容は「退社を考えている」というものだった。僕は「もう少し考えてみては？」と伝えた。単純にもったいないと思ったから。それでもしばらくして宗岡君は退社を決意した。

しっかり有休を取ったあと、僕から宗岡君を誘った。当時の社名は「ＴＢＳプロネックス」と言った。優秀な人材を他所(よそ)に取られたらたまったもんじゃない。案の定、僕の所属会社に入ってもらってからは破竹の活躍。手をかけてきた「ハライチのターン！」のディレクターを任せられるのは宗岡君以外いなかった。

そして今、彼は文化放送の帯番組「おとなりさん」のチーフディレクターまでやっている。ニッポン放送・文化放送・ＴＢＳラジオを股にかけた最強のラジオマンとなった。

今でも仕事の悩み、家族のこと、なんでも相談できるのは宗岡君だ。人生において心強い仲間がいることはどれほど幸せなことか。そして人生にはいろんなことが起こるものだ……と、宗岡君を通して強く感じる。同時に僕が会社に誘ったように努力と才能はきっと誰かが見ていてくれる。

理想のラジオ番組を考える

リスナーにとって理想のラジオ番組ってどんなものなんだろう？

みんな何を基準に聴いてくれるんだろう？

十人に聞いたら十通りの答えが返ってくると思う。特に深夜ラジオは内容的に生活必需品というより嗜好品に近い。ってことは、結局、好みで選ばれるはず。

選び方も様々だし選ぶまでに何段階もある。まず放送局で選んで、次にパーソナリティで選ぶとか。放送局関係なくパーソナリティで選ぶとか。放送局もパーソナリティも関係なく内容のみで選ぶとか。パーソナリティも内容もとくに興味ないけど、推しが聴いてるから選ぶなんてパターンも。中には担当している作家やスタッフで選ぶ猛者リスナーだっているかもしれない。大嫌いだから揚げ足をとる目的で聴いている人もいたりして。

では、僕ら番組を制作する者にとって理想のラジオ番組ってどんなものだろう?

前提として不特定多数に届ける以上、百人いたら百人が聴いてくれる番組を目指す必要がある。広範囲をカバーしたいから百人の趣味嗜好の最大公約数を狙ったりして。好かれる可能性の高い、あるいは、嫌われる可能性の低い番組が得策か。

……だけど、最大公約数を狙って嫌われないものを目指すことは、番組が一様になるんじゃないか? 違いはパーソナリティくらいか。

ラジオ特有の習慣性みたいな話。タイムテーブルに沿い、番組はリスナーにとって生活の一部になる。パーソナリティはまるで友人や家族になる。番組やパーソナリティと密接になることがリスナーのエンゲージメントを向上させる。太客商売要素が強まる。

……だけど、radikoのタイムフリー機能をはじめ聴き逃しサービスもあるから環境的にタイムテーブルはさほど意味がなくなっているか。

ラジオの及ぼす範囲（メディアとしての規模）や世の中の多様性みたいなことを考えてみる。前提とは逆で、おしなべて好かれる番組作りがラジオにおいては必ずしも正解じゃない。ニッチで尖ってこそ目立つことだってある。狭かろうと嫌われようと番組継続に足るリスナーを集めて、そこに訴求したいスポンサーが捕まればその番組にとっては万事ＯＫだ。

何をつべこべ書いているのかと言うと、「ラジオはこうだ！」「深夜ラジオはこうでなきゃ！」という画一的な考え方は我々作り手側には必要ない。棚に多種多様な商品が並ぶように、タイムテーブルに多種多様な作られ方や聴かれ方をする番組が並んでいていい。リスナーひとりひとりに理想があるのは当然。そういう拘り（こだわ）に似た強めの好みがあるからこそ熱をもってラジオを、番組を、パーソナリティを応援してくれる。だからラジオこそ我々が固定観念を取り払い制作する必要がある。

では番組作りには何が必要か。

時代、環境、能力、特性、様々な周囲の諸条件を削ぎ落として、最後に残るのは「熱意」だと思う。リスナーとしての僕にとっても理想的な百点満点の番組があるかと言ったら、ない。だからといって最初から諦めて番組を作るのではなく、最低限必要な熱意だけは込めなければいけない。どこかの誰かの理想的なラジオ番組となるために。

第5章
これまでのラジオ、
これからのラジオ

ヒコロヒーとの出会い

「マイナビ Laughter Night」のネタ見せライブで、ヒコロヒーはセーラー服を着て一人コントをしていた。どうやら男に殴られているシチュエーション。男に何か言い返そうとしては殴られ、「やめて」と言っても殴られる……。交際する男女の情のもつれを描いたネタ？　デートＤＶ？　などと頭の中で想像しながらしばらくその時間が続く。この間、客席の笑いは一切ない。だいぶ経ってヒコロヒーが言う。

「お客さん、すみません……。ここ、イメクラなんで……」

ドッカーン!!　僕はもうこれで一気にヒコロヒーを好きになった。四分間の持ち時間で、二〜三分をフリに使う度胸もすごい。ピンだし、東京に出て来たばかりで誰にも知られてないし。最初の出会い以降、ヒコロヒーを追いかけた。単独ライブに通い、ツイキャスを聴いた。だんだんと仲良くなっていった。

最近ヒコロヒーが忙しくて会えていないし、この際だから聞きたいこと、話したいことがたくさんある。

対談
ヒコロヒー×宮嵜守史
まだ誰もやれなかった
ラジオの形を見つけたいな
と思っているんです。

宮嵜は「最初におもしろいと言ってくれた人」

宮嵜　ヒコロヒーになんで対談をお願いしたのかというと、「今後一緒にラジオをやってみたいと思う人」という位置づけです。

ヒコロヒー　嬉しい！　どうもすいません。ありがとうございます。

宮嵜　知り合ってから結構長いし、いろいろ話してきてるけど、ヒコロヒーのことがよくわかってないんだよね。乙女になるときと、男っぽくなるときがあるし。

ヒコロヒー　乙女なところってどこで感じてるんですか？

宮嵜　一番感じるのは居酒屋で料理が来たときに、音が鳴らないように軽く拍手するところ（笑）。

ヒコロヒー　それを乙女と定義づけられてるんや。中西[★1]さんもやりますよ（笑）。

宮嵜　あと、ネタ以外のトークをしているとき、おまじないみたいに手を叩きながらしゃべってるよね。自分でリズムを作って心を落ち着かせるためにやっている感じで。ヒコロヒーには多面性がある気がする。『岩場の女』[★2]を録っていても感じるけど、ヒコロ

★1　中西茂樹。お笑いコンビ・なすなかにしのボケ担当。松竹芸能所属で、ヒコロヒーにとっては事務所の先輩にあたり、『岩場の女』#72でも取り上げている。

★2　「YouTubeという大海原の手前にある岩場でヒコロヒーが毒にも薬にもならない時間と思念を垂れ流すラジオのような音声エッセイ集」（チャンネル概要より）。二〇二一年六月スタート。週一回配信。

ヒーの中にまだ売れてない、恵まれていない立場の自分もいるじゃん？

ヒコロヒー うんうん。

宮嵜 でも、同時に売れている自覚もあると思うんだよね。鼻にかけているという意味じゃなく。売れているからこそある程度の責任が出てきて、それをしっかり守ろうとしている自分がいる。それって、自覚がないと守れないと思うから。

ヒコロヒー 「今日はこのモードにしよう」なんて意識したことは一回もないんです。でも、『岩場』では「こんなん言って大丈夫ですかね？」と確認するときがありますよね。

宮嵜 「これ言ったらマズいかな」というブレーキが新設されてるんじゃない？

ヒコロヒー たしかになあ。それはあるかもしれないです。

宮嵜 あと、人前であるかそうでないかの意識もすごくあると思う。昔、ヒコロヒーがツイキャス★3をやっているのを聴いたとき、リスナーが八人だけなのに「多い」と言っていたじゃん。その基準にはシンパシーを感じる。

ヒコロヒー ツイキャスで八人は多いですよ。あれは深夜三時半ぐらいでしたね。

宮嵜 「もうメディアになっちゃう」って言ってたからね。

ヒコロヒー それはもう大メディアですから。

★3 二〇一七年四月三日二十七時、ヒコロヒーの同期であるお笑いコンビ・ランパンプスの『オールナイトニッポン0』の初回放送がスタート。いてもたってもいられなくなったヒコロヒーが真裏でツイキャスを始めたのを、『伊集院光 深夜の馬鹿力』の生放送を終えた宮嵜が偶然発見した。

宮嵜　その意識がホントに興味深くて。

ヒコロヒー　最初は『マイナビ Laughter Night』でネタをやったときに、審査員だった宮嵜さんから声をかけてくれて、それで知り合ってから飯に連れていってもらうようになったんですよね。そのあと、あの痰壺みたいなツイキャスを「実は聴いてました」と言われたから、「八人のうちの一人は宮嵜さんやったんかい❢」って驚きました。『Laughter Night』でもホント汚いだけの女がネタをして、しかも四分しか持ち時間がないのに、一人だけ八分ぐらいやってましたから。

宮嵜　前振りの長いネタでね。

ヒコロヒー　宮嵜さんが「おもしろかったね」と言ってくれて。それまでそんなことがなかったんですよ。オーディションに行っても、ネタをちゃんと見てもらえないなんてザラにありましたし、「このネタはR‐1でどこまで行ったんですか❓」って聞かれるんです。「いやいや、目の前でネタを見たんやから、なんで他の誰かがつけた成績が気になってるん❓」なんて思ったり。あのころは「出会う人に嫌なヤツが多いなあ」って思っていた時代やったんです。そんな中で、純粋にネタだけを見て「おもしろいね」と言ってくれたのが衝撃的でした。フタを開けてみたら、その人があの「ヒゲちゃん」だと。当時は宮嵜さんみたいな〝痛くない人〟って周りで結構珍しかったんです。

宮嵜 痛くないってどういうこと？

ヒコロヒー 二十代で若かった私の中では、ある程度培ったものがある人たちって、名も無き若手の前で「俺はこれをやって、あれもやってきた」とか、「あの人と仲が良くてさ」とか、「あいつを育てたのは俺だ」って、なんか雪崩のように言ってくるイメージだったんです。それが痛いよね、寒いよねって感覚が最初からあって。でも、宮嵜さんは私の好きなラジオをやってた方やから、風土も同じというか。私もすぐ懐いて、飯に行くようになったけど、良いときも悪いときも変わらずにずっと「単独おもしろかった」「あのネタいいね」「良い設定だね」って声をかけてくれてました。

『岩場』は全ての気持ちを置いておく場所

宮嵜 こっちからすると、ヒコロヒーの自意識が一定じゃないところがおもしろいと思っていて。さっき言ったように、ハングリーな意識もあるし、ちゃんと今の立場を理解した上で、守ったり、攻めたりして振る舞う意識もあるし。

ヒコロヒー 『岩場』を録り始めてからもう一年半経ちますけど、その間のことをたぶん全部言ってます。二年前ぐらいに深夜番組に出演することが増えてきて、そのころに「鍛錬の場として『岩場』をやりましょう」となったんですけど、そこから『キョコロヒー』★4が始まって、急にゴールデンの仕事も増えだして、一番意味わからん荒波みたいな状況でしたから。ある時期に宮嵜さんから「エピソードじゃなく、考えていることを話すのでもいいよ」と言われたこともあって、『岩場』ではメッチャ素直に話しているんじゃないですかね。「タレントみたいな仕事しかしてへん」と言った回もあったし。

宮嵜 自分の中で考えがハッキリしていたら、伸びもしないし、縮みもしないから、自覚してないのは当然かもしれない。

ヒコロヒー 私はこの時期に番組を始めるんやったら、そのときに何を思っていたのか、全部置いておきたいと思ったんです。いまだに「何を喋ったっけかな?」と思ってたまに聴き直すときがあるんですけど、『岩場』でさえ、めっちゃぬるいだけの話をしている日もあるんですよ。「ああ、このときはそういうモードやったんかな」と思うんですけど、逆に振り切って「もう嫌や!」と言ってる回もある。それって、私が学生時代から

★4 二〇二一年三月からテレビ朝日で放送されている深夜バラエティ番組。齊藤京子(日向坂46)とヒコロヒーの冠番組で、『スーパーバラバラ大作戦』の枠で放送されている。

聴き始めて、ハマってのめり込んできたラジオの感じを踏襲してるのかなと思います。ちゃんと踏襲できているわけじゃないですけど。一年半いろんな話を『岩場』でしてきましたけど、藤井風[★5]さんの話をした瞬間、再生回数六万回を叩き出したのはビックリしました。

宮嵜　それがYouTubeだと思うんだよ。『岩場』をYouTubeじゃなく、音声配信アプリでやってたら、たぶん結果は違ったかもしれない。有象無象が回遊しているYouTubeに置いておくというのがいいのかなと。ボトルメールじゃないけどさ。しかも手軽にできるじゃん？　練習の場としていいし、いろんな人の目と耳に晒されるから。

ヒコロヒー　「『岩場の女』を聴いてます」と言ってくる人って意外と多いんですよ。

宮嵜　あの再生回数で？（笑）。

ヒコロヒー　そう。なんなんやろう？　劇場やイベントに来てくれたりとか、現場で一緒になる人とかもそうなんですけど。「『岩場』がメッチャ好きです」って言ってくれる人はコアファンなんですかね？

宮嵜　コアなファンもいるだろうし、たまたま出会って「誰これ？」という人も聴いているかもしれないし、いろんな人がいる場所だからこそ、YouTubeはおもしろいと思う。

★5　シンガーソングライター。YouTubeで話題になり、二〇二〇年にメジャーデビュー。海外でも人気を博し、『NHK紅白歌合戦』に連続出場した。ヒコロヒーとは二〇二二年四月放送の『藤井風テレビwith シソンヌ・ヒコロヒー』（テレビ朝日）で共演。ライブに招待された話を『岩場の女』で語った。

それにしても藤井風さんの再生回数はね。

ヒコロヒー たまげましたね。その一個前は再生回数五千回ぐらいですからね。恥ずかしかったもん。

宮嵜 でも、それがいいと思う。そもそも練習台があれだけの数字になるってすごいことだし。ヒコロヒーとしては一人で喋る難しさもあるの？

ヒコロヒー 一人喋りのラジオとしたら、伊集院（光）さんとか、山里（亮太）さんとか、神田伯山さんもそうですけど、言葉が正しいじゃないですか。〝てにをは〟がしっかりしている。そこは全然足りてないのはありますけど、でもやっててメチャクチャ楽しいですね。GERA[★6]でやっているラジオでも作家さんに喋るみたいにはあえてあんまりしてなくて、外に向けて、リスナーに向けて喋るのをやっています。FM[★7]の番組ではそこにスタッフとのやりとりも加えていて、ちょっとだけ変えたりしながら、どれが一番自分のおもしろい瞬間が出やすいか、いろんな番組で探らせてもらっていますね。

宮嵜 楽しいことはすごく大事だと思うんだよね。「しんどいなあ」も成分としてあっていいと思うんだけど、しんどいが楽しいを上回ると、おもしろくないと思うし。

ヒコロヒー 「しんどい」はまだないかもしれない。

★6 『ヒコロヒーのストロベリーワンピース』。GERAで二〇二〇年十月からスタート。毎週木曜日配信。GERAとは株式会社ファンコミュニケーションズが運営しているお笑い芸人に特化したラジオアプリ。

★7 『トーキョー・エフエムロヒー』。TOKYO FMで二〇二一年十月からスタート。トークに加えて、本人が選曲した曲も流している。

宮崎　「今日はどうしよう？」とか、「話すことがない」とかにならなければね。例えば、ライブのチケットを買ってお客さんが待っているのに、ステージに出て行って「ごめんなさい。今日は話すことないです」はダメじゃん？

ヒコロヒー　「なにを話そう？」はありますけどね。私の場合、「話すことないなあ」より、これもあれも喋りたいけど、どうやったらマイルドになるかなってことですよね（笑）。

宮崎　そうだね。

ヒコロヒー　常に聴いてほしいことはいっぱいあるんですけど、「どこまで喋る？」があって。粘土が手元にあるんですけど、削いだり、付け替えたりして、人様の耳に入れてもいいものを作っていくイメージですかね。でも、まだまだですよ。この本で宮嵜さんと対談されている諸先輩方はホントに手練れみたいな方たちですから。まだ誰もやれなかったラジオの形は見つけたいなと思っているんですけど。

ヒコロヒーの特徴は「トークバックが入れづらい」

宮嵜　『24時のハコ』★8を一ヵ月間担当したときにヒコロヒーが一人で喋ってたじゃない？　とめどなく話が出てくる感じはすごいなと思ったの。落語家さんみたいな感じでさ。

ヒコロヒー　ええ、嬉しい！

宮嵜　どこで息継ぎしているんだろうってぐらいにどんどん言葉が出てくる。いろんな人の番組でディレクターをやってきたけど、『岩場』をやって、「こんなの初めて……」と思ったことがあるんだよ。

ヒコロヒー　こんなの初めて？　十六歳の女の子みたい（笑）。

宮嵜　ヒコロヒーってトークバックを入れづらいんだよね。それは良いことでも悪いことでもなく、単なる種類が違うだけなんだけど、それがヒコロヒーの特徴だと思う。そういう感じ、初めてだった。

ヒコロヒー　私も初めてのトークバックで「こんなの初めて」がありました。もう何年も前の若かりしころなんですけど、いきなりスタッフさんがトークバックを入れてきたから

★8　TBSラジオで二〇二一年三月〜二〇二二年三月まで放送。水曜日二十四時台の番組で、パーソナリティは月替わり制。ヒコロヒーは二〇二一年七月度を担当した。

ビックリして。そのときはこのシステムを知らなかったので、あとで「ああ、なるほど」と思った記憶がありますね。

宮嵜 話している最中にトークバックを入れるのはそんなに多くないかな。する人はするけど。

ヒコロヒー 人によるんですね。

宮嵜 相手にもよる。例えば、おぎやはぎのときは特に多いの。小木（博明）さんが矢作（兼）さんに対して次に何を言えばいいのか、頭が真っ白になってる顔をしたときは、小木さんの耳だけにトークバックを入れて。それを小木さんが口にして、矢作さんがウケれば、バンザイ❢ みたいな。

ヒコロヒー なるほど。それは楽しそうやな。なんかちょっとやりたいな。

宮嵜 だけど、ヒコロヒーの場合は、とめどなく言葉が出てくるし、自分の中で進みたい方向があるように感じるから、邪魔しないほうがいいなって。説明が足りてないときなんかに業務連絡に近いことは入れるけど、流れているものをせき止めるのはヒコロヒーも喋りにくいだろうから。だからそこは流して、「あの前段でこれ言ってなかったから、こういう風な言い方にして、もう一回録っておこうか」とかはやるけど。幸い『岩場』

は練習の場だからこけられるし、失敗できるし。

ヒコロヒー そのためのですもんね。

宮崎 実は途中で変わったの。それまではラジオだからトークバックを入れなきゃって意識があったけど、途中からはとりあえず終止するまでは静観したほうがいいなと。ヒコロヒーはそれが合っていると思った。

ヒコロヒー へえ。おもしろいですね。そうやったんや。

宮崎 トークバックはするほうの技術がいると思うよ。テキストにした場合、文節や段落の境目を見極められないと。話の内容を理解するのもそうだし、パーソナリティの表情や間も意識しないといけないから。次に言うことを考えて、ちゃんと息を吸うときに入れてあげないと。喋っている最中に急に言われたって、聖徳太子じゃないんだからわからないじゃん？

ヒコロヒー 今でも他の現場でたまにビックリしちゃうときがあるんです。パッと入ってくると止まっちゃう場合もあるから。苦手なんですかね？『岩場』ではあんまりビックリすることないですけど。

宮崎 現場によっては「お前のおもしろを押しつけるなよ」ってときもあるから。テレビでもあると思うんだよ。カンペを読むまで下げないとかさ。本人が確実におもしろいって思わないと言いっこないじゃん。もちろんラジオでもスルーされるし、「よかったら使ってください」が前提だから。「何もなくて困っていたら、よろしければどうぞご自由にお取りください」みたいな。この辺はディレクター病っていうか、ディレクターの自意識なんだけど。

ラジオとは少年アニメのラスボスの最終形態である

宮嵜 エッセイ[★9]に書いてあってビックリしたんだけど、子どものころはラジオのスタッフになるのが夢だったの？

ヒコロヒー そうです。まあ、当時はその仕事がなんていう名前かも知らなかったんですけど。パーソナリティがいて、ミキサーさんがいて、そこに放送作家という仕事もあるのかと気づいたんです。この人がパーソナリティの横で喋ったり、笑ったりすんのやと。メッチャ楽しそうやし、しかも矢面に立たへんし、いいやんと思って。そのときはラジ

★9 『きれはし』。Pヴァインから二〇二二年八月に発売。ヒコロヒーにとって初のエッセイ集。

オの空間にいる誰かになりたいという気持ちはありましたね。松竹芸能に声かけられて芸人になってなかったら、どっかのラジオ局で働いてたかもしれない。まあ、無理でしょうけど。

宮嵜　いや、そんなことないよ。俺だってバイト上がりだよ？

ヒコロヒー　まずバイトができないんですよ、私。時間通りに職場に行けないから。

宮嵜　みんな作家に憧れるんだよね。

ヒコロヒー　それしかわからなかったんですよ。私が聴いていたラジオでは、ディレクターさんのイメージってパーソナリティからメッチャいじられる人で、作家さんも一緒になっていじっていたんで、楽じゃないですか。みんなで楽しそうなのはいいなって。

宮嵜　今はNetflixもAmazon Prime Videoもあるし、楽しいことがいっぱいあるのに、なんでリスナーってラジオを聴いているんだと思う？

ヒコロヒー　ラジオが生活形態に合っているかどうかがあると思うんですよ。画面を見ながらじゃなく、耳で聴くコンテンツが合っている生活形態の人は一定数いて、そういう人は聴いてくれる。私の場合だと、意地になっているかもしれないですね。私が人生で最も好きやったのはダイアンさんの『よなよな……』[★10]で。次の月曜日が来たら、新しいダ

★10　ABCラジオで二〇一四年三月〜二〇二三年九月に放送。月〜木曜日の夜に放送されていたワイド番組で、ダイアンは木曜日を四年間、その後、月曜日を三年半担当した。

イアンさんに会ってしまうから、それまでに今週の放送を聴かないといけない。ファン心理なのかもしれないけど、それはリスナーとしての意地ですよね。ずっと聴く立場で、最近になって聴いてもらう立場にもなったときに思ったのは、〝パーソナル一本勝負〟みたいな感覚。それは他のどのコンテンツでも出せないのかなあと思います。

宮嵜　うんうん。

ヒコロヒー　芸人だったら芸以外の部分。例えば削りに削ったエピソードトークを聴けるところもあるかもせえへんけど、「道を歩いてたら、猫が可愛かったんだよね」っていう「なんだそれ」みたいな話はラジオでしか聴けない。そういう余白めいたタレントの部分もラジオでしか出せないですよね。

宮嵜　わかるわかる。足りてないメディアだなとちょっと思ったりする。流しているのも「さっき街を歩いてたら可愛い子がいた」みたいな未完成な内容で、作品性の低いものが垂れ流される。しかも音だけ。でも、逆に音だけだから、「完全体じゃねえ？」とかちょっと思ったりする。ヒコロヒーが「大喜利のお題が少年マンガばっかり」って言っている中で申し訳ないんだけど、だいたい少年アニメのラスボスの最終形態って、つるんとしてるんだよ。

ヒコロヒー はいはい（笑）。

宮嵜 ドラゴンボールのフリーザみたいな感じ。ラジオも同じようにつるんとしちゃって、素が出ちゃうメディアなんだろうなと思う。そこにみんな何かを感じて、引き込まれてくるのかなって。パーソナリティが素で喋っているのか、素じゃない状態で喋っているのか、バレちゃうメディアなんだと思うな。

不法投棄したボトルをいつか商品に

ヒコロヒー まだまだ若輩ものですけど、十二年ぐらいこの世界にいて。ずっとラジオが好きで、ラジオパーソナリティをやりたい、深夜ラジオをやりたいと思ってきたんです。ただ、三十三歳ですから、もう諦めはついているというか、もうできない人生なんだという思いはずっとあります。だからこそ『岩場』はやり続けたいというのがあるし。地上波でやれたらいいですけど、もう浮かれられないというか、単純に「やりたいです！」みたいな感じではなくなっているかもしれないですね。

宮嵜　文化放送だって、TOKYO FMだって、GERAだって、ラジオ自体はやれているわけじゃん。でも、深夜ラジオは違うわけ？

ヒコロヒー　違うんですよね。テレビで言う〝土8〟みたいなことじゃないですかね。同世代の人間は『めちゃイケ』を見てきたから、土8に出たいわけじゃないですか。それで言うと、私がやりたいのは深夜一時からのラジオ、みたいな。

宮嵜　なるほど。でも、俺は意外と諦めてないけどね。それが一時からになるかは正直わからないけど、わりと深い時間に生放送をするヒコロヒーをいつも思い描きながら『岩場』を録っている感じがする。

ヒコロヒー　いつかやれたらいいですけど。

宮嵜　それがTBSラジオなのか、文化放送なのか、どこの局かはわからないけど、『岩場』はヒコロヒーが将来深夜の生放送ができたときのための卒業アルバムみたいな感じがするんだよね。

ヒコロヒー　あのときはこうだったねと。大きくなったねと。

宮嵜　ふとした拍子に昔の写真見て、「うわ、この服着てたわ」とかさ、「なんでこんなポーズで写真撮ってるの？」とかって思い出すときあるじゃん。

ヒコロヒー ありますね、ありますね。

宮崎 『岩場』がそうなる日が来ればいいなって思いながら。

ヒコロヒー たしかに。そうなる日が来ればいいなあ。

宮崎 だから、YouTubeという場所がいいなって。人種のるつぼみたいなところにソッと置いておくというか、浮遊させておくイメージなんで。毒にも薬にもならないかもしれないけど、とにかく言いたいことだけを言って、瓶に詰めて、海に投棄するっていう。

ヒコロヒー ホントにそう。あれは投棄。

宮崎 不法投棄（笑）。

ヒコロヒー ツイキャスは痰壺やったけど、『岩場』は投棄している。

宮崎 きたる地上波のラジオができたときは、その不法投棄した瓶を回収して、しっかり責任を持って、そのボトルたちをラジオで商品にできたらいいなっていう感じ。

ヒコロヒー ちゃんと磨き直してね。でも、深夜ラジオリスナーって、今の私のラジオが絶対好きになると思いません？　リスナーってパーソナリティが「ああ、もう嘘つきだしたんや」とか、「もう仕事の話しかしなくなった」とか、敏感じゃないですか。

宮崎 わかる。

ヒコロヒー だから、長い目で見たときに、もしかしたら一番いい状態のラジオが『岩場』ってなる可能性もある。

宮嵜 前に『岩場』でリスク回避したように感じたとき、ちょっと嫌みっぽいことを言ったじゃん**？**

ヒコロヒー 「売れたね」って言いましたね（笑）。

宮嵜 でも、そうしちゃう自意識とか、そうしなかった頃の自意識とか、そこまで上手く伝えられれば、どんだけ守ったっていいと思う。「今はそういうモードなんです」「そういうフェーズなんです」と喋れればね。しかも、それをおもしろく、興味深く伝えるようにさえできれば、それは嘘でも何でもないし、単なる真（まこと）だし。それも技術だなって思うよ。

ヒコロヒー そういう風になりたいけど、例えば三年後にＴＢＳラジオで番組が始まるとなったとき、地上波のテレビでレギュラーを十本持っていたとする。その状況で、理想としてはラジオで「今はこういうフェーズなんです」と話せればいいけれど、もしかしたらそういう気持ちがなくなっている可能性もありますもんね。自分がカッコいいと思っていたラジオパーソナリティ像に対して「もういいや」ってなっている可能性もあるし。

宮崎 それはヒコロヒーの中で？

ヒコロヒー 私の中で。引き続き、「深夜ラジオができる？ よっしゃあ、やった！」と思っているかもしれないし、それはもう未来のことだからわからへんけど……。今、『岩場』では確実に一個一個自分の言葉で聴いている人に対して喋る作業はしていると思うから、もしかしたら今が一番おもしろいのかもしれないです。

宮崎 そうだね。

ヒコロヒー ダサいなと思われるのにも怯んでないじゃないですか。『岩場』はYouTubeでこの感じやから、怯まずに「どうとでも思ってくれ」って話してるんですけど。

宮崎 また再生回数が〝万〟いかない感じがいいんだよね。

ヒコロヒー でもね、タレントとしてはちょっとハズいんですけど（笑）。「テレビに結構出てるで」と思いながら。

宮崎 だって、あえてタイトルに「ヒコロヒーの」ってつけてないじゃん。

ヒコロヒー そうそう。こっそりやってる。

宮崎 チャンネルのホーム画面には名前が出ているけど、アルファベットで

「hiccorohee」だし。

ヒコロヒー ちゃんと検索しないと出てこない。

〝女性芸人〟と意識されないようにしたい

宮崎 女性芸人がパーソナリティの深夜ラジオって少ないけど、今後は増えると思うんだよ。世の中の移り変わりも今は味方している気はする。

ヒコロヒー たしかに。でも、〝女性芸人〟とあんまり意識されないようにはしたいですね。ヒコロヒーが喋っていることがおもしろいと思われたい。

宮崎 ヒコロヒーがいいのはそこだと思うんだよ。人ってさ、職業とか、立場とかでカテゴライズしちゃうじゃない？　若手女性芸人とか、中堅芸人とか。ちゃんと意識してなくても「若手の売れてない芸人ってこうなんでしょ？」って自分の中で偏見とも取れるような見方をしちゃうと思うのね。誰に限らずある。「若手芸人が全員弁当を持ち帰りたいと考えているなんて思うなよ」みたいな意識ってあるんじゃないかな。なのに自分で「弁当持って帰りなよ」って言っちゃうときがある。それで言ったあとに後悔するの。

ヒコロヒー そうなんだ。

宮崎 なんで俺がこんなにヒコロヒーにまとわりついているかと言うと……。

ヒコロヒー まとわりついてる（笑）。言い方。

宮崎 男女の違いは当然あるんだけど、あえて女芸人って言うけどさ、ヒコロヒーは女芸人らしさがないところがいいと思ってるの。

ヒコロヒー そんなに自分が気にしてないってことですか？

宮崎 うん。

ヒコロヒー たしかに仲良くなる人も全員、気にしてない人が多いかもしれないですね。だから、たまに「女芸人って大変でしょ？」って言われると、ビックリすることもあって。もちろん自分の意識の中にはありますけど、そんなにブラブラ持っているつもりはないというか。

宮崎 後付けっぽいかもしれないけど、ヒコロヒーのことがいいと感じたのは、最初、この人ってホントに自意識に包まれながら生きてるなって感じたんだよね。単独ライブも見て、ネタの端々にそういういい意味で面倒くさい部分を感じた。そういう自意識まみれの個性と、今言ったいわゆる女芸人を感じさせない雰囲気。今の世の中で、男女で区分けするのがナンセンスな部分はもちろんあるんだけど、それも魅力の一つだなって思います。

ヒコロヒー 嬉しいから、音の出ない拍手してますけど（笑）。ありがとうございます。

宮嵜 ヒコロヒーが忙しくなってきて、嬉しさはあるのよ。でも、寂しさもあって。推しがどんどん売れていって、遠くに行っちゃう感じ。これって親心なのかな。だから、冒頭で「ヒコロヒーのことがよくわからない」って言ったけど、たぶん俺はヒコロヒーのファンなんだと思う。ネタを初めて見たときからずっと推しなんだよね。それ今日わかったわ。

ヒコロヒー いや、嬉しい。ありがたいです。

宮嵜 こんな話で終わって大丈夫だったのかな。もっとトークバックの話も掘り下げたかったけど……。

ヒコロヒー さっき『岩場』では業務連絡が多いとおっしゃってましたけど、もちろんそれもありつつ、宮嵜さんのトークバックはおもしろいですよ。

宮嵜 いやあ、最後にありがとうございます。

ヒコロヒー　ありがとうって言ってる（笑）。

宮崎　推しに褒められるのは最高の栄誉だよ。

〜〜〜

〜〜〜

もがくことが原動力⁉
パンサー向井慧

向井君がラジオ好きなのは知っていたので、気になっていた。

二〇一九年、SNSで「#むかいの喋り方」の存在を知ってリスナーになった。丑三つドキドキ。radiko のエリアフリーで毎週聴くのが楽しみだった。

向井君は、まず声が聴きとりやすい。喋り方に癖がないのでしっかり耳に入ってくる。次に話の順序だてが上手。あっち行ったりこっち行ったりしない。で、最後に性格が面倒くさい。これも向井君がパーソナリティとして評価される要素。あんなかわいい顔して。

向井君がラジオで発した名言。ここ最近の僕のお気に入りは、「スキルのない目立ちたがり屋が一番タチ悪い」。向井君のこういう蜂の一刺し的な言葉が大好きだ。

ラジオを聴いていると、向井君は常にもがいているように感じる。満たされない気持ちをどう潤そう、足りてない自分とどう折り合おう。そこに四苦八苦している様子をラジオで話す。で、それを生きる原動力にしている。生きるために話す。だからおもしろい。本人からしたらたまったもんじゃないか。

僕の中で向井君と山里さんがかぶるときがある。

数年前の「#むかいの喋り方」での一幕。ある日、向井君はハライチ岩井君とチョコレートプラネット長田庄平さんの三人でトークライブをした。終演後、エゴサーチをする向井君。するとお客さんの一人がSNSでそのトークライブの一部をレポートしていた。三人のやりとりをカギカッコで再現している。読むと、向井君が放ったおもしろワードを岩井君のセリフとして書いていた。それを見た向井君は「岩井ファンはそういうことをする」と不満を漏らした。

こういうことを気にしてネチネチするところに、山里さんと同じものを感じる。個人的には大好き。関取花さんのゲスト回も二人の自意識がシンクロしてて最高だった。

生きにくい性格なんだろうけど、ラジオという場所があるのは幸せなのか。逆にそんなラジオに押しつぶされそうになるパターンもあるのかな。不安を抱えて自らしんどい方に向かって苦悩する。すこぶる内弁慶。僕は向井君に勝手に親近感を持っていた。なんか通じ合えるんじゃないかって。

パンサー
向井慧
対談
「こんなことを喋ったら、
こう捉えられちゃうかな」って
グルグルグルグル考えて、その苦悩を
リアルタイムで喋るしかない。
TBSラジオ
×
宮嵜守史

堂々巡りを続けるラジオ好きの自意識

宮嵜 ガッツリ仕事はできてないけど、向井君はずっと気になってる存在です。

向井 宮嵜さんとの最初の関わりって『メガネびいき』なんですね。二〇一四年ですか。

宮嵜 そのときは直接会ってないんだよね。「ザキヤマテレフォン」[★1]に電話で出てもらったときに話しただけで。

向井 すごい覚えてます。僕は愛知県出身なので、そもそも『JUNK』が聴けない地域だから、完全に『オールナイトニッポン』育ちなんですよ。地元のCBCラジオを聴いていて。だから、東京に出てきてビックリしたのがTBSラジオの『日曜日の秘密基地』[★2]と『JUNK』の存在だったんです。

宮嵜 向井君は『オールナイトニッポン』や名古屋で放送していたココリコ[★3]さんの番組を聴いていたんでしょ。『JUNK』とは違いがあったわけ？

向井 CBCの番組は、東京のテレビで頑張っている人たちが地方に来て、東京で言えないことをちょっと話してくれるから、それを聴けるのが嬉しいという感覚でした。

★1 アンタッチャブル・山崎弘也を中心にした『おぎやはぎのメガネびいき』の企画。山崎が生放送中にアポ無しで電話し、タレントをスタジオに呼び出すという内容で、向井が出演したのは、二〇一四年十二月十一日放送。フリートークで矢作が「山崎からの誘いの電話は絶対に断れない」と語ったのをきっかけに誕生した。

★2 『伊集院光　日曜日の秘密基地』。TBSラジオで二〇〇〇年十月〜二〇〇八年三月に放送。日曜日の午後帯に放送

『オールナイトニッポン』は東京で活動している人たちの話が名古屋まで届いている感じだったんですけど、『JUNK』は東京でしか聴けないものがあったんだ、みたいな。

宮嵜　「ズル●」みたいな。

向井　しかも『JUNK』の並びは、僕がど真ん中で好きな人たちだったんです。僕は大学入学に合わせて「一緒に芸人になろう」って地元から幼馴染みと上京するはずが、その幼馴染みが受験に落ちちゃって、一年浪人することになったんです。だから、一人で東京には来たけど、芸人を始めようにもできず、空白の一年だったんですね。時間が有り余っていた中で、深夜は『オールナイトニッポン』一択だったのに、『JUNK』という衝撃を味わいました。芸人になってからも『JUNK』への憧れはずっとあったんですけど、まったく出る機会がなく、その状況での「ザキヤマテレフォン」だったんです。

宮嵜　恒例の企画になっていて、要はザキヤマさんがイタズラ電話をすると。スタッフとしては、いろんなパターンの人選をするわけ。向井君がラジオ好きというのも知っていたからJUNKリスナーの反応を見てみたいという興味もあった。

向井　そのころ、僕と宮嵜さんは一緒に仕事したことがなかったじゃないですか。ザキヤ

された番組で、前身の『伊集院光 日曜大将軍』と合わせて十年間続いた。伊集院は同番組で二〇〇二年にギャラクシー賞DJパーソナリティ賞を受賞している。

★3『快楽シャワー王国』。CBCラジオで一九九六年十月〜一九九九年四月に放送。パーソナリティはコリコ。向井は最終回の公開イベントに参加し、もらったポスターを家に貼っていたという。二〇二一年九月に一夜限りの復活を果たした。

マさんにしても、おぎやはぎさんにしても、僕と関係性がなかったし、今だってそんなに密にあるわけじゃない方たちですよね。

宮嵜 あの企画って二人か三人に電話するのよ。一人は東京03の角田（晃広）さんみたいなザキヤマさんとツーカーの人を入れるわけ。だから逆に距離のある人を当ててみたくなっちゃうんだよね。知り合いじゃない相手にも果敢にアタックするザキヤマさんっておもしろいし。

向井 なるほど。その中の一人だったんですね。あのときは何が起こっているかあんまりよくわからないまま終わって、感情がグチャグチャだったというか。でも『JUNK』に出られたっぽいし、嬉しいという気持ちが勝っていたと思います。

宮嵜 事前に詳細を伝えられてないし、状況がわかったとて電話に出る側はスタジオのリアクションがあまり聞こえないから不安になるんだよね。

向井 たしかに手応えも別になかったし、とにかく「『JUNK』に出たんだ」って感じでした。当時は僕自身もラジオをやってなかったと思うんです。

宮嵜 向井君が裏の『ナインティナインのオールナイトニッポン』を聴いているのも知っていたし、個人的にはアイドル級に人気があるパンサーのイメージがあった。

向井 当時は人気ありましたねえ。この時期の私の人気たるやすごいですよ！ これは間違いない。それは否定しません（笑）。

宮嵜 印象は「あんな人気あるのに、ラジオ聴いてるの？」だったもん。最初は「プロフィールに書きたいヤツでしょ？ ビジネスリスナーでしょ？」と思ったよ（笑）。

向井 まさに当時は僕もそれを感じていた時期で。みんなそれぞれに好きなものってあるじゃないですか。「サッカーが好きです」と同じ感じで、ただただラジオが好きなのに、やっぱりそういう目にたくさん晒されたんです。ラジオを好きなことが、「カッコつけてる」とか、「深みのある人間ですよってアピールしている」ように見られてしまうから、逆に言わないほうがいいぐらいに感じていたかもしれないですね。

宮嵜 当時のラジオ界隈では、「ラジオが好き」って言うと、一気にリスナーを味方にできたのよ。最初はみんなピュアに好きだと言っていたんだけど、段々と「これは使えるぞ」という雰囲気が充満してきて。これは嫌な見方をしているだけかもしれないけど、最近はいきなりラジオ好きを色濃くアピールする人は「手法でやっちゃってない？」と思われるかもしれないね。

向井 やっぱり『オールナイトニッポン』を初めて担当するとなったら、ビタースイートサンバに反応しちゃうじゃないですか。「うわー、この曲でやりたかったんですよ」ってどうしても言っちゃうけど、長年聴いている人は「それはもういい。何百回も聴いたよ」って思っちゃいますよね。純粋に好きな気持ちをどのぐらい出すか、結構難しいです。

宮崎 リスナーになるタイミングって、十人いれば十人違うわけじゃん？　ずっと聴いているリスナーは「またやってるよ」ってなるんだけど、『オールナイトニッポン』を好きになったタイミングでビタースイートサンバが流れて涙するパーソナリティがいたら「うわー、すごいわかる」って感じるだろうから。

向井 でも、そういう自意識に搦め捕られやすい人のほうがラジオに向いてたりしますよね。だから、僕も堂々巡りになっちゃうんですけど。「こんなこと喋ったら、こう捉えられちゃうかな」ってグルグルグルグルと考えて、その苦悩をリアルタイムで喋るしかないと思うんです。でも、それを喋ったら、また裏側を喋っちゃったなって感じて、最初に戻ってくるという。これを繰り返しているような気がします。

宮崎 ただ、ラジオの良さってさ、その繰り返しだとも言えるじゃん。

向井 そうなんですよね。ブーメランで自分を見ちゃうから、いろんなことができなくなっちゃうのは、ラジオ好き、ラジオ業界の方の〝あるある〟じゃないですか。そういう自意識って意味ないんですけど、それがないと作れないものもあるんですよね。

宮嵜 その自意識ループにハマって、「先週あんなことを言ってしまった」とこの一週間ずっと反省していた……とラジオで言える環境は誰にでもあるもんじゃないから。自分がラジオに携わっていて言うのもなんだけど、それって結構貴重な場だと思う。

向井 こんなに鮮度よく自分のリアルタイムな気持ちを言える場所って僕が芸人を始めた頃はラジオしかありませんでしたから。結局、そういう雰囲気が好きだったから自分も聴いていたというところにも戻ってくるんですけど。

気持ちが乗らないと人には伝わらない

宮嵜 『メガネびいき』に電話出演してもらってから、向井君との関わりはしばらくなかったけど、一方、そのちょっと前くらいからハライチと密に付き合うようになって、深夜に『デブッタンテ』を放送して、そこから『ハライチのターン！』が始まって。そんな折で岩井君から向井君と最近仲良くしていると聞いた気がする。

向井 飯とか行き始めた頃ですかね。

宮嵜 それで、二〇一九年ぐらいかな。自分のやっている番組を聴いてくれてるリスナーが向井君のことをTwitterでつぶやいてるのを見かけて、気になったからCBCの『#むかいの喋り方』を聴いたの。

向井 正直、東京でも僕は何度かラジオをやっているんですよ。『オールナイトニッポン』も、岡村（隆史）さんが一人でやられているとき、お正月休みに代わりにやらせていただいて。[★4]

宮嵜 それも聴いてたよ。

向井 しかもパンサーではなく、僕一人で。自分がラジオを聴くきっかけになったのがナイナイさんのオールナイトなんで、ある種、ゴールみたいなところがあったんです。でも、そのときの全力では絶対やってたんですけど……。

宮嵜 納得いってない？

向井 難しかったです。自分が究極の内弁慶だったんだなって今になったらわかるんですけど。やっぱり他者評価とか、ニッポン放送で喋っている状況とかが頭にこびりついて、

★4 『パンサー向井慧のオールナイトニッポン』。二〇一七年一月五日放送。パンサーとしては過去に三回単発でパーソナリティを担当していた。

切り離せなかったんですね。もちろん全力なんですけど、終わったあとに「やっぱり僕はラジオを聴くほうなんだなあ」って思ったんです。それで、ある種、一区切りがついたんですよ。

宮嵜 その状況で『#むかいの喋り方』の話が来たの？

向井 今のプロデューサーから「ナイターオフに三十〜四十分の番組をやってみませんか？」と声をかけていただいたんです。それだったらやりたいなと思ったんですね。昔ずっと聴いていた地元のCBCラジオで、しかも東京には届かない。内弁慶が発揮できる場所として始めたのが『#むかいの喋り方』でした。

宮嵜 番組を始めて、どう思った？

向井 そのときの感覚はすごく覚えてますね。「うわー、喋りたいことを喋れてるなあ」って初めて思ったんです。とにかく楽しかった。そうしたら、今まで僕に対して興味を持ってなかったお笑いラジオ好きのリスナーがたくさんメールをくれたんですよ。そういう時期に、面識がほとんどなかった宮嵜さんが雑誌のインタビュー[★5]で「『#むかいの喋り方』がおもしろい」と言ってくれたんです。そのとき、初めて自分がちゃんと認めてもらえた感覚になりました。

★5 二〇一九年十二月にコスミック出版から発売された『芸人芸人芸人』のラジオ特集。宮嵜は「リスナーとして好きな番組を教えてください」という質問に『#むかいの喋り方』を挙げていた。

宮崎　いや、俺だよ？（笑）。

向井　もう芸歴で言ったら十五年とかやってたんですけど、初めての感覚だったんですね。『ＪＵＮＫ』という僕が好きな番組を担当されている方におもしろいと言ってもらえたことが嬉しかった。だから、取り上げてもらった話をすぐ自分のラジオで喋っているんですけど（笑）。

宮崎　向井君がさっき言ったように、名古屋は安心できる地元だから、いい意味でのローカル感があったんだよね。二時間じゃなくて、当時は三十分だったけど、あの三十分の喋り足りなさがよかった。「ここでもっと喋りたいことがあるのに」となっている感じが聴いているほうからしたら嬉しいじゃん。ラジオはもちろん腕前も大事なんだけど、その前に「今日はこれを喋りたい」「これだけは言いたい」という気持ちが乗っからないと、人に伝わらないと思っていて。

向井　好きにやらせてもらうなんてことがそれまでホントになかったんです。テレビはもちろんですけど、作ってもらった枠組の中で、頑張ってスタッフさんの想像以上の動きができるかどうかという仕事ばかりでした。でも、『＃むかいの喋り方』はコーナーから全部自分で考えるし、メールも自分で選ぶし、こんなに自分のエキスを濃縮できる仕事はなくて、それを思いのほか、皆さんに喜んでもらえる経験ができたんです。

宮嵜 それ以前のフリが効いてたよね。

向井 効いてましたね。十五年間ぐらいの己のフリが。もちろんそれが身の丈なんですけど、薄味でやってきたみたいな時期がありましたから。

宮嵜 自分で自分を傷つけなくていいって（笑）。

向井 それは客観的に見てもホントにそうで。それが別に悪いとも言いたくないんですけど。

宮嵜 そういう場で、与えられた役割をこなすのも仕事だからね。

向井 それすらも肯定しないとやっぱりしんどくなるし。もちろんそのときも自分が全力でできることをやっていたんですけど、『#むかいの喋り方』は芸歴十五年以前と今が大きく違ってくるきっかけですね。

『#むかいの喋り方』の一曲目が飛ばせない理由

宮嵜 そのあと、火曜日で二時間半（現在は二時間）の生放送になったから、生活のサイクルと合わなくて、全部は聴けてないんだけど、それでもたまに聴いてると、ドラマの話とかするじゃん。本の中に書いているんだけど、伊集院さんが薦めるゲームや映画って「そんなのあるんだ」にプラスして、実際にやってみたい、見てみたいって思うんだよね。向井君にもそういうところがあると思う。だから、ドラマの『silent』も見るようになったし。

向井 最近は『silent』について宮嵜さんから毎回感想が送られてくるんですけど、その時点で僕はまだ見てないんですよ。ネタバレになるんで、一回落ち着いてもらっていいですか（笑）。

宮嵜 ごめん。

向井 でも、最初に二時間半の『チュウモリ』★6っていう新たな枠に入ってほしいと言われたときにメッチャ迷ったんですよ。

★6 二〇一九年九月からスタートしたCBCラジオの夜ワイド枠。パーソナリティは東海三県出身のタレント・アーティストが担当しており、『#むかいの喋り方』は火曜日放送。

宮嵜　中部地方盛り上げプログラムね（笑）。

向井　三十分を走りきるスタイルが気持ちいいなって思ってたんですけど、二時間半の番組を作るのは今までとまったく違っていて。でも、一時間のフリートークは自分で絶対喋るということだけは決めました。こんなことを言ったらあれですけど、一時間喋りたいことがある日が毎回続くかって話なんですが、それでもなるべく嘘をつかないように喋ろうとすると、起きた出来事だけのトークじゃやっぱり難しい。それなら、ドラマやアニメ、マンガなどに触れたときに感じたことを喋ろうと。なんとか一週間のうちの一時間は、自分の中で嘘がないように作りたいなって思ったんです。初めてのチャレンジでしたけど、それができて血肉になった感じはありますね。

宮嵜　さっきフリの時期って言ったけど、それまでの仕事が絶対に役に立っていると思うんだよね。人に伝わりやすく喋れるのって、パンサーとして大忙しだった時期の経験が結構デカいんじゃないかと思う。ザ・表仕事を重ねてきたからこそ、ちゃんと順序立てられて、段取りを踏む形で話せると思うんだよ。あとさ、トークをして、最初に曲かけるじゃん？　リスナーとして聴いていると、あそこで曲が飛ばせないの。それってすごいと思うよ。

向井　嬉しいなあ（笑）。

宮嵜　『#むかいの喋り方』の一曲目はどうしても飛ばせない。

向井　これもラジオ体験からそうなったというか。自分もそうだったんですよ。昔、ラジカセで『オールナイトニッポン』を聴いていて、曲になった瞬間に気持ちがフッと離れて、寝ちゃいそうになる経験を何度もしてて。もちろんたまたまかかった曲を好きになることもたくさんあったんですけど、自分がやるときはどうしようかなと考えてました。二時間半やるなら、絶対曲がないと無理じゃないですか。

宮嵜　小休止じゃないけど、一旦息を整えたいしね。

向井　どうしようかなと思っていたときに、もちろん僕はリスナーとしてラジオを聴き続けていたんですけど、和牛さんの『モーモーラジオ』[★7]で印象的な回があったんです。ちょうど三年連続準優勝だった『M-1グランプリ』が終わった直後の放送で、川西（賢志郎）さんがMr.Childrenの曲を流す「ミスチルセレクション」というコーナーがあったんですけど、そのときに『終わりなき旅』をかけたんです。その『終わりなき旅』と和牛さんが歩んできたM-1に対しての思いがすごいリンクして。

宮嵜　タイトルからもうリンクしてるもんね。

★7『和牛のモーモーラジオ』。文化放送で二〇一八年十月からスタート。向井が挙げた印象的な回は二〇一八年十二月五日放送。

向井　もちろん意図的に選んだんでしょうけど、『終わりなき旅』を何回も聴いてきた中で一番感動したんです。こんな聴かせ方があるんだというのが衝撃的でした。自分が喋ったことから地続きの曲を二時間全部で選ぶのは無理なんですけど、じゃあ、一曲や二曲なら選べるよなと思って、選曲するようになったんですね。

宮嵜　ただ、一つやり方を間違えると、途端に違うものになってしまう経験もしたことがある。向井君の場合、一通り喋ったあとに、選曲の理由を話して曲振りするじゃん？　そうじゃなくて、例えば生放送で、話のオチをなぞった曲がリスナーにとっては不意にかかるという演出をしちゃうと、途端に醒めちゃうんだよね。用意周到な出来レースみたいというか。スタンスにもよるし、番組の作り方にもよるんだけど。

向井　言わんとしていることはわかります。あまりにもリスナーを感動させるほうに行きすぎたりとか。「音楽を響かせましょう」という思いがちょっと見えすぎちゃうと醒めちゃうのはありますよね。

宮嵜　全員今日この話をすることは知っていて、オチまでみんなで準備してやってると感じたら、突然生ものじゃなくなるというか。録音番組であとから当て込むならいいかもしれないけど。

『パンサー向井の#ふらっと』に繋がった金言

向井 そろそろTBSラジオの話にいかないと。
宮崎 そういうのをちゃんと直してくれるよね（笑）。
向井 それは任せてくださいよ。『#むかいの喋り方』からラジオの仕事が増えて、TBSラジオで言うと、初めて番組を持たせてもらったのが、今やっている『#ふらっと』[★8]なんですけど、この番組をやるやらないの話に、宮崎さんが非常に大きく関わっているんですよね。最初に話を聞いたとき、僕は「やりません。無理です」って感じだったんです。毎週一回、二時間半を名古屋でやるのも結構いっぱいいっぱいなのに、その上で、朝の帯を月～木で毎日二時間半やる。さらに、大沢悠里[★9]さん、伊集院光さんの次でと言われても、足元にも及びませんという気持ちもあって。
宮崎 それは単純に自信がなかったの？
向井 ただただ、マジでそうです。でも、その場で「無理です。ありがとうございました」ということにはならなくて、考える時間をもらいました。正直、そのときはテレビ

★8 『パンサー向井の#ふらっと』。TBSラジオで二〇二一年三月スタート。毎週月～木曜日に放送。向井は木曜日は隔週出演で、不在時は喜入友浩アナウンサーがパーソナリティを担当している。

★9 大沢悠里は『大沢悠里のゆうゆうワイド』で三十年間、伊集院光は『伊集院光とらじおと』で六年間、TBSラジオの朝の帯番組を担当していた。

でも今までの仕事とはちょっと違う感じになっていたんです。『有吉の壁』とかで、芸人っぽい感じができている充実感もあったし、同期も売れてきて、仲間と一緒に番組に出る機会も増えて、「これを減らしてまでラジオをやるのか？」という思いもあったし。ようやくテレビが楽しくなってきたときに、そんな大きいラジオの仕事をやるのは絶対無理だと。でも、迷いはありました。こんなチャンスを与えられる人って何人もいないですから。いろんな人に相談できるような話でもないけれど、これを自分だけで決めるのは怖いし、あとで後悔するかもしれないと思って、三人だけに相談しようと決めました。それで、ずっとお世話になっているピースの又吉（直樹）さん、オードリーの若林（正恭）さんに話を聞いてもらって、もう一人が宮嵜さんだったんですよね。

宮嵜　向井君とは岩井君を通じて個人的な付き合いもあったけど、だいたいLINEするのはこっちからだったじゃん。珍しく向井君から「お電話できますか？」って連絡が来たんだよね。「なんだろうな」と思ったんだけど、ホントにそのタイミングで、会社でも朝の番組の話を聞かされたのよ。この話をするなら赤坂じゃないほうがいいと思って、恵比寿の喫茶店に行ったんだよね。

向井　覚えてます。宮嵜さんに、迷っているというか、やらない寄りなんですけどって話して。

宮嵜 やらない寄りって言ってた。

向井 「『#むかいの喋り方』を毎週二時間半やって、これを四曜日やるっていうのは絶対無理と思っているんです」と話したときに、宮嵜さんもいろんな思いを張り巡らせながら答えてくれたんですけど、その中でホントに強く心に残っているのは、「いろんな二時間半のやり方があると思う」と。「しっかり作り込んで、自分の言いたいことをグッと詰めてやる放送もすごい素晴らしいと思うし、もう一方で、朝は気軽に聴ける、聴き流せるって良さも合うから。それだと、できるかもしれないよ」って。その考えが自分の中にまったくなくて、『#むかいの喋り方』をプラス四曜日やらなきゃいけないと思ってたのが、「ああ、そうじゃないってパターンもあるんだ」と。それが分かって、背中を押してもらったところはあります。

宮嵜 恵比寿の名言があったじゃない?

向井 あれ、何でしたっけ? そのときは「金言」って言ってたんですよね。

宮嵜 全然心に残ってないじゃん!(笑)。深夜の『#むかいの喋り方』はたぶんリスナーが前に……。

向井 （遮って）そうそう！　僕が言ったほうがいいですよね？

宮崎 自分で言うのは恥ずかしいから……。で？（笑）。

向井 深夜でやっている『#むかいの喋り方』は聴いている人がラジオを前に置きながら聴いているけど、向井君がやる朝の番組は、ラジオが後ろにあると。朝の番組は、聴いている人がラジオを後ろに置いて、作業しながら聴いてるものかもしれないよって。これは金言。イメージしやすいですから。

宮崎 いやあ、難産だったね。

向井 危ねえ（笑）。でも、なるほどなと。前に置いていても、後ろに置いてても、ずっとラジオが流れているのは同じで、それはどっちがいいとか、どっちがおもしろいとかっていう話でもないよという。「じゃあ、やってみようかな」って思ったことに繋がった大きな一言でした。

コロナ療養で気づいた『#ふらっと』の良さ

宮嵜 向井君だったらできると思ったもん。話を聞いたときに、「向井君は『#むかいの喋り方』を連続で毎日やろうとしてるの？ 絶対無理に決まってるじゃん」って思ったの。それでラジオが億劫だと感じたら、気持ちは乗らないと思うんだよ。最初にも話したけど、あの三十分に気持ちが乗ってたから、リスナーは聴きたくなったわけだし、そこに気持ちが乗るか乗らないかが重要で、何をするかはそのあとでいいと思う。

向井 そうなんですよね。

宮嵜 それまでお笑い仕事が枯渇してたから、向井君は取れ高恐怖症になっているのかなって思った。笑いが何分おきに起きなきゃいけないとか、この企画を自分の力でもっとおもしろくさせなきゃとか。お笑い枯渇じゃないけど、そこに恐怖はあったんだろうなと思う。

向井 実際に始まって、この対談をしている時点で八ヵ月目ぐらいなんですけど、僕の中ではこの間もいろいろとありましたね。ナイナイさんの枠でやったときのように、それこそもう一回ゴールになっちゃったんですよ。朝の帯をやるのはゴールで、あとはこれを維持する闘いみたいに思っちゃったところがあるんです。で、気づいたら、さっき言ってた楽しさの部分が薄まっていたという。日々、その放送をやっている瞬間は楽しいはずだったのに、何ヵ月か経ったら……。今までずっとその枠を聴いてきた人たちの声も届くし、いろんな意見も耳に入り、どうしたらいいんだろうと。初めての冠番組で、関わっている大人も多い。各曜日パートナーの方にも来てもらっているから、この人たちをおもしろくしなきゃいけない。今までのこの枠のパーソナリティには大沢悠里さんや、伊集院光さんの名前があるから、僕も自分を立たせなきゃいけない。自分が一番おもしろくなきゃいけない。そういうことが頭を巡りすぎて、夏頃、ちょっとショートしちゃったんですよね。「あっ、ヤバい。楽しくない」っていう。[★10]そのタイミングでコロナになったんです。

宮嵜 コロナで休んで逆に安心した？

向井 安心したんですよ。精神的にちょっとヤバくて、勝手にいろんなものに押し潰されちゃって。結局、そこでわかったんですよね。自分は内弁慶だったんだって。初めての環境で、いろんな人の目に晒されるし、聴いている人の数もこれまでと違うから、グン

★10 二〇二二年七月二十五日、向井は月曜日の『#ふらっと』を体調不良で欠席すると、同日新型コロナウイルス感染が発表に。八月四日に復帰し、二週間ぶりに番組に出演した。

グン萎縮しちゃいました。だから、コロナになってちょっとよかったと思ったんです。

宮嵜 でもさ、こんな大役なんだから、何にも起きないわけないよね。

向井 そのコロナの期間に、結局二週間ぐらい休んだんですけど、『#ふらっと』もいろんな方に代役をやっていただいて。休んでいるときは強い意見の番組を聴くのがしんどくなっちゃったんですけど、そんなときに僕にとっては『#ふらっと』の聴き心地が非常に良かったんです。僕がいない『#ふらっと』なんですけど、療養しているときはホント心地良く聴けて、ああ、なるほどなと。誰かが真ん中に立って、グイグイ引っ張っていくラジオとは違う楽しみ方もあることを、宮嵜さんに言ってもらって言葉として理解していたけど、それまで体感してなかったんですよ。実際に一回リスナーとして聴いてみたのは大きかったです。もちろん今も試行錯誤の途中ではあるんですけど、最初に立ち戻って。自分が楽しくない朝の帯番組を十年続けたいって思わないし、そもそも無理じゃないですか。だったら、まずベースが楽しいことであるのが大事で、それが何年続くのかなって順番にしないと無理だなっていう。

宮嵜 向井君としては、ステータスとして、朝の帯がゴールだったのかもしれないけど、実はゴールってもっと先にあって。向井君が楽しんだり、やりたいと思ったりしたことが伝わって、リスナーが増えて、スポンサーがたくさんついて、番組が長く続いて、という形がゴールというか目的なんだと思う。最初に「スポンサーをつけなきゃ」とか、「リスナーを増やさなきゃ」とか思っちゃうのは、人間だから仕方ないけど、まず「自分が喋りたい」「この場所が好きだ」「聴いてもらいたい話がある」という思いが手前にないと、なかなか続かないよね。リスナーにも届かないし、その先にあるスポンサーの獲得や番組の継続にも繋がっていかないから。

向井 ようやくそこにもう一回気づけたのがここ最近って感じです。

原体験だからこそラジオへの気持ちは消えない

向井 今日こうやって対談させてもらいましたけど、僕からしたら、宮嵜さんは今やっているラジオ番組を最初におもしろいと言ってくれた人と思っているし、朝の帯をやることの背中を押してくれた人でもあるので、今ラジオをやれている理由の大部分は宮嵜さんにあると勝手に思っているんですけど。

宮嵜　ホント？（笑）。

向井　でも、逆に宮嵜さんといつか番組をやるっていうのがまたゴールになっちゃいそうで。実際にやるとなったらまた怖いから、「いつかラジオをやれたらいいなとずっと思っていたい人」なんですね。

宮嵜　嬉しいなあ。もともとこの本の仮タイトルは「なぜラジオなのか？」だったの。他にいっぱい楽しみがあるのに、なんでみんなラジオを聴いてくれているんだろうって。皆さんに聞いてるんだけど、向井君はなんでだと思う？

向井　僕は完全にAM派なので、音楽より会話が好きだからラジオを聴いているんですけど、僕の性格上、頻繁に誰かと会いたくないタイプなんですよ。基本的には一人でいたいんですけど、同時に寂しがり屋という矛盾が自分の中にあって。そうなったときに、喫茶店の隣の席の会話みたいなちょうどいいトークがずっと流れている状況が心地いいんですよね。ラジオだと喫茶店の会話の最強おもしろいバージョンがずっと流れ続けてるようなものですから。日本でトップクラスにおもしろい人たちの雑談を聴き続けられるのが僕のラジオが好きな理由です。

宮嵜　地上波のラジオをなんで聴くのかも不思議に思ってる。Podcastやネットラジオではなくて、地上波のラジオが選ばれる理由もわからないんだよね。

向井 たしかにPodcastでも今や芸人さんがたくさん番組をやってるし、それを聴くこともあるんですけど、それでもラジオになるのは結局原体験だからなんです。元カノのことはずっと忘れられないじゃないですけど（笑）。どれだけ新しい音声メディアが出てきても、もちろん好きになることもあるんですけど、自分の強烈な原体験がラジオだから、それをやりたいという気持ちは消せないんです。

宮嵜 そうだよね、そうだよね。

向井 元カノのことは悪く言えないじゃないですか。いろんな世の中の流れがありますけど、どうなったって自分が強烈に影響を受けたメディアを悪く言いたくないし、そのメディアを大事にしたいって気持ちが僕は大きいです。

この二十年でラジオが変わったこと

深夜ラジオは受験生のお供……なんていう時代はとっくに終わっていて。四十六歳の自分でさえ、受験勉強中にラジオをつけていたかと言うと、半々くらい。クラスでラジオを話題にすることもほとんどなく、確実に聴いていると知っている下宿仲間としかラジオについては話さなかった。

それでも自分自身がラジオと出会ったきっかけは深夜ラジオだったので、この業界で働いてしばらくは〝深夜ラジオは新しく生まれるラジオリスナーの玄関口〟なーんて思っていた。一人の人が初めてラジオに触れるきっかけに深夜ラジオが存在していたらいいなと。ラジオを聴く喜びを初めて感じたきっかけになっていたら、なんて幸せな職業なんだろうと。

世の中はものすごいスピードで移り変わるもので、僕がこの仕事を始めて二十余年、同一人物？　ってくらいラジオは変わった。内的にも外的にも。

ここまで、ジングルのタイミングがなんだ、CMの入れどころがどうだ、編集の間はこうだ、と美学を語ってきた。そんな価値観すら古いと感じる。〝どんなにおもしろいトークも十五分まで〟なんて持論も振りかざしたりしていたけど、正解は一つじゃない。番組作りにおいても今は多様を極めている。

この二十年でラジオの何がどう変わったのか。個人的に感じた〝ラジオが変わったこと〟〝ラジオに変化をもたらしたもの〟を挙げてみたいと思います。

「Eメール」でリスナーとの新しい関係性が生まれた

過渡期は二〇〇二年くらい。Eメールの威力を感じたのは「吠え魂」。「おいブタ！」と山本さんをなじるメールが即座に届いたときは「革命だ！」と思った。〝山本vs加藤&リスナー〟の構図が番組の特徴になり、山本さんに厳しいリスナーを「武闘派」なんて呼び始めた。リスナーもその場で意見できて、新しい関係性すらも生み出した。しかもハガキやFAXより安いのもいい。

「〝メール〟じゃないの？　Eメールの〝E〟ってなに？」みたいな十〜二十代でこの本を手に取ってくれた人がいるとしたら、ものすごく埃をかぶった、いにしえの話に聞こえるかもしれない。だって最近はメールすら募集せず、SNSやLINEでメッセージを受ける番組もあるのだから。

「radiko」の登場でスマホにラジオが入った

ラジオがアプリになった。IPサイマルラジオ（ネット経由）だけど曲やBGMもついている。AMもFMもクリアな音で聴ける。タイムフリーやエリアフリー機能も追加されてますます便利になって……「これはラジオ、来るんじゃ？」と、うっすら期待した。
だけど、アプリってことは、ラジオはスマホの中で可処分時間の争奪戦に参加することになる。ゲームアプリやサブスク……画面の中にめちゃくちゃに強いライバルがいる。その人の余暇を奪うくらい魅力的なものにしないと生き残れない茨の道でもある。

radikoによって特に深夜ラジオの聴かれ方は大きく変わった。リアルタイムよりタイムフリー機能で翌朝や週末に聴く人の方が多い（あくまでradikoでの話）。
もちろん僕もタイムフリー勢だ。普通に考えて夜中の十二時とか一時は人が寝ている時間。リアルタイムで聴くのと感覚的に大差ないと感じるなら、夜は寝て、翌朝起きてから聴くほうがよっぽど合理的。当然の結果だと思う。生活サイクルに非合理的であってもリアタイしてくれるリスナーには感謝に加えて尊敬の念すら覚える。もちろんタイムフリーでもなんでも、聴いてくれること自体がありがたいのだけど。

エリアフリー機能も今まで聴くことができなかった地域の番組を聴かせてくれた。お馴染みとなった爆笑問題の太田さんとRCCの横山雄二さんとのやりとりもエリアフリー機能がもたらした。

カーボーイリスナーはご存じ、太田さんによる地方ラジオの報告。沖縄・琉球放送「ラジオbar南国の夜」、大阪・ABCラジオ「ドッキリ!ハッキリ!三代澤康司です」、鳥取・山陰放送「森谷佳奈のはきださNight!」……などなど、全国津々浦々の番組をチェックして、カーボーイで話す太田さんの姿勢は、radikoから広告費をもらってもいいくらいだ。

太田さんの全国のラジオ啓蒙活動(=エリアフリー機能啓蒙活動)にはラジオの作り手として頭が下がる。ラジオはメディアの中では狭くて近いぶん、地域ごとに特色があるのも魅力。僕にとってはエリアフリーが「#むかいの喋り方」との出会いを提供してくれた。

いちリスナーとしては、うっかり配信期間を逃したり、シークバーの使い勝手に苦慮したりするので、今後もっともっと便利になったら嬉しいな~と思う。

「Twitter」が距離と温度のまちまちを教えてくれた

ラジオと親和性が高い、とか。新しいラジオの楽しみ方が生まれた、とか。感想や意見が可視化されて楽しさを共有できる、とか。おまけにリスナー同士の横の繋がりができて時間も共有できる、とか。……確かに。このあたりはみんな言い尽くされてる。本当にそうだし。僕が夢中で深夜ラジオを聴いていたころにTwitterがあったら、呟かないまでもタイムラインを眺めながら聴いていたと思う。

僕らも人間なので、放送中リアルタイムでハッシュタグが盛り上がれば嬉しいし、意見があれば反省して糧にする。「おもしろかった」が励みになるし、批判があれば心が痛む。無論、大前提としてSNSでの発言は自由。責任が伴うと思うけど。

誤解や勘違いに基づいた批判とか、やろうと思ってもできなかったこと、これからやろうとしていることを先に呟かれてしまうときは「う～む……」ってなる。

一般的にラジオは〝距離が近いメディア〟と言われるけど、Twitterを見る限り、ヘビーもライトも、ニアもファーも、いろんな〝距離〟と〝熱量〟で聴いているリスナーがいるってことがわかる。そして、Twitterをやっていても呟いていないリスナー、Twitterすらやっていないリスナーがその向こう側に必ずいるってことも同時に立証される。

「Podcast」がラジオリスナーを増やしてくれた

ここ数年、再燃していると言われているPodcast（ホントに？　って思うけど……）。そんなPodcastをJUNKは二〇〇六年ごろから始めた。今と同じく録りおろしのアフタートークや本放送のダイジェスト版を配信した。このころ、「PodcastがきっかけでJUNKを聴き始めました！」と言ってくれる人が身の周りに急増した。TBSラジオでは一時、「ラジオクラウド」に配信窓口を限定していた時期もあったけど、今の形になって個人的にはよかったと思っている。タッチポイントが増えるので。配信だと著作権の関係で既存の曲やBGMはない。当初、ほんのちょっぴり寂しい気もした。曲やBGMも番組を楽しんでもらうための大切な要素だと思っていたので。いつでも好きなときに聴けるっていう利便性がユーザーにとって上回っているのは確か。だから聴いてくれるということが一番。どんな形であれ、ラジオで働く人間にとって「聴いてます！」が、どれだけ励みになるか。

ラジオをよく聴いてくれているリスナーはみんな耳にしていると思うけど、ラジオは他のメディアと比べてギャラが安い。だけど、いくらギャラが安くても地上波のラジオ番組を持つことはなかなか狭き門。ところがPodcastやネットラジオや配信アプリの登場で、誰でも〝ラジオ〟を始められるようになった。しかも内容をマスに向ける必要がないので、専門的な話題、ニッチなターゲットで充分成立する。むしろその方が人気を得ているように感じる。

僕もSpotifyではアルピー酒井君と三四郎相田君の「83 Lightning Catapult」、火矢万鉄さんのツイキャス配信、GERAではザ・マミィの「ネズミの咆哮」、Radiotalkでは「ガクヅケのあつあつやりとりラジオ」をたまに聴かせてもらっている。

リスナーの身としてはより取り見取りで選び放題、楽しくて仕方ない。放送局で番組を作る身としては数あるラジオの中で自分が担当している番組が選ばれるように人選もクオリティも磨いていかなければならない。

言ってしまえばそれだけ。あとは既存の音楽を流せるとか。

ラジオ局のアドバンテージは、音声コンテンツ作りのノウハウと蓄積されてきた知見。

地上波ラジオの価値ってこれからどう変わっていくのだろう。ラジオ局それぞれのブランド価値はまだ少なからずあると思うけど。

仮に中の人が流出したらアドバンテージもへったくれもない。超脆弱だと感じる。のん気にしていられないしチャンスの宝庫でもある。

マネタイズの方法

ここまでは、どちらかというと外的要因での変化。内的要因としては、経営的なことが大きい。「マネタイズ」って言うとカッコいいけど、要は金策。

民放の番組にはお金を出してくれるスポンサーが不可欠だ。ではスポンサーはどんな番組にお金を出すのか。もちろん、たくさんの人が聴いている番組だ（セグメンテーションやターゲティングみたいな細かい話は置いといて）。

放送局はコンテンツに人を集め、企業の広告をより多くの耳目に触れさせて広告費を得る。昔はそうした放送収入で生計を立てられたけど、だんだん食べられなくなってきた。そして放送外収入を得るため試行錯誤している（今ここ。っていうかずっとここ）。

ラジオで言うと、イベントを開いたり、グッズを売ったりする事業収入、ファンクラブ的な会費ビジネス、コロナ禍に入ってからは配信イベントも顕著な例。サブスクを始めた局もある。事業施策はニッポン放送のすごさに圧倒される。華やかで大規模で勢いがある。あと、音楽は強いなぁって常々思う。僕としたら今ある資源と環境でできる限りを尽くすしかないのだけど、やっぱり消化不良感は否めない。十万人規模で人が集まった「ラジフェス」のあの〝リスナー熱〟は忘れられない。

本分の一つである放送収入も大きく変容した。単純にＣＭを流すだけでなく、タイアップ企画を行うことが増えた。「ハライチのターン！」には今、ひっきりなしにタイアップの声がかかる。ありがたい。まずもってハライチが凄い……というのは先ほど述べたので、それ以外の理由。

昨今、リスナーは業界の事情を（誤解も含め）よく知っている。ラジオは斜陽だとか、経営が苦しいとか。さらに世間のステマに対する嫌悪や、良くも悪くも「なんでもオープンに」という空気がある。裏表なく、なんでも可視化されちゃう今の世の中にあわせ、番組側の気持ちや思惑、そして経緯を全てオンエアしたほうが潔い。

大きなきっかけは、「ブタメン」を販売する「おやつカンパニー」さんとのお付き合いだった。番組で昔よく食べていた「ブタメン」についてトークしたところ、リスナーにおやつカンパニーの社員さんがいて商品を送ってくれた。だけど、岩井君が冗談半分で「商品を送ったら紹介してもらえると思ってんだろ？　俺たちはキギョックスフレンドじゃないんだよ！」と悪態をついた。

「キギョックスフレンド」という〝企業〟と〝セックスフレンド〟を合体させたパワーワードがTwitterのタイムラインを中心に盛り上がった。そのオンエアを聴いてタイムラインも見ていたおやつカンパニーのリスナー社員さんから翌週お詫びのメール（もちろんコントのノリとわかって）が届いて、一週間限定でスポンサーになっていただくことになった。

内側やストーリーを全てオンエアしたことが功を奏し、おやつカンパニー提供週で行った「#ブタメン収穫祭」は一時間でツイッターの日本トレンド一位を獲得。番組、リスナー、出演者、スポンサー、みんなが満足する取り組みになった。

このスタイルを確立して以降、コンスタントにタイアップが行われている。かつて毛嫌いされがちだった営業案件だって、番組の創意と工夫でなんとかなると実感した。ラジオはやっぱり〝リスナーと一緒に熱を上げていくこと〟で「思い」が「力」に変わる。

この二十年でラジオが変わらなかったこと

ラジオを変えてきたもの……。振り返るとこの二十年で結構あった。どれもこれも功罪や良し悪しがある。そう思うのは単純に僕が古臭い考え方に凝り固まってアップデートできていないからだ。新しいものや有用なものを取り入れてラジオは進化していかなければならない。時代やニーズに適応して世間に即し、リスナーにとって価値のあるものを提供し続けなければならない。その反面、変わらないもの、変わってほしくないもの、変えちゃいけないものはある。

例えば、地震や台風など災害時の情報源としての役割だ。

もう二度と起きてほしくないけど、東日本大震災当日の話。僕は「おぎやはぎのメガネびいき」の生放送を終え、金曜日の朝に帰宅して就寝。昼過ぎに起きてお風呂に入り、出てバスタオルで身体を拭きながら、向かいの部屋で当時二歳の長男が本棚によじ登って絵本を取ろうとしているのを眺めていた。

パンツを穿いた瞬間、今まで経験したことのない揺れを感じ、とりあえずパンツ一枚で長男を抱えて本棚から離れた。右手で長男を抱っこ、左手でテレビを押さえた。揺れが止むのを祈ることしかできなかった。ラジオとテレビをつけて何が起きたか情報を得る。当時、金曜日はお休みだったけど、会社へ行こうと駅に向かった。当然、電車は動いていない。タクシーもいない。就業日じゃなくて休日だから、ということにして自家用車で赤坂に向かった。

特に役に立ったとは思えなかったけど何かしていないと気持ちがおさまらなかった。

夜中に帰宅。道路が大渋滞で赤坂から亀有まで五時間かかった。途中、道路の真ん中で全く進まない車が何台もあった。運転席を見ると、どの車もドライバーが眠気に耐え切れず車中で寝ていた。

「今週のＪＵＮＫは冒頭十分、生放送でパーソナリティが声を届ける」

池田プロデューサー指揮のもと各曜日のパーソナリティがリスナーを励まそうと自分たちなりにエールを送った。

災害時に正確な情報を届ける。不安な人に寄り添う。これはラジオの使命。何がどうなろうとこれは変えちゃいけないと強く思う。

誰も置いてけぼりにしない、どことなく温かい感じ。

いつもそこにいて、安心できる場所。

僕が初めてラジオに抱いた感謝。

これは忘れないでいたい。

もしも将来ラジオを作りたいという人がいたら

齢四十六。会社では管理職というポジション。この先、現場へ出向く頻度も下がって自宅作業が多くなる……。「そうだ、だったら長時間座っていられるいいイスを買おう！」と、ある日、ネットサーフィンをした。

ふと、アメリカの家具メーカー「ハーマンミラー」の商品にたどり着く。ラグジュアリーなそのイスに、「もっと高給取りだったらこんなイスに座れるんだろうな……」と薄給サラリーマンらしい妄想に耽る。その折、会社の研修で配られた課題図書をペラペラめくる。するとそこに参考事例として「ハーマンミラー」のコアバリュー（＝中核となる価値観）が書かれていた。会社の存在意義の表明みたいなもの。

【私たちは社会のニーズから孤立して存在することはできない】

……ラジオもそうじゃん。

人を相手にモノを売る商売だったら当たり前のことだけど、自分の仕事もまさにこれだと心づいた。番組制作の仕事って、時間も不規則だし、スーツじゃないし、どこか特別な業種に感じることがある。人によっては選民意識なんかが生まれるかもしれない。

しかし、作り出すものは大衆に刺さらなければ成り立たないものだ。ラジオも社会のニーズなしには存在できない。番組は社会を映すし、社会によって番組は作られる。

放送局でモノ作りをする以上、社会に求められるコンテンツを作って売る必要がある。そうじゃないと僕自身生活できないし、イスを買うお金も得られない。「放送」は、「世の中」を相手にした商売。反面、形態や場所にこだわらなければ、好きなことを好きなだけできる環境にもある。自分のやりたいことを捻じ曲げなきゃいけないほど今は不自由じゃない。

テレビと比べて、新聞と比べて、ネットと比べて……とか他者と優劣を比べる必要はない。ラジオにはラジオにしかできないものが多くある。ラジオだったから届いたもの、ラジオじゃなきゃ伝わらなかったもの、そういった個性と身の丈を知ることが大事だ。

だからラジオを作るためには「世の中の人」であればいい。僕がそうであったようにいい大学を出ていなくたっていい。専門的な知識もいらない。ラジオに詳しくなくたっていい。編集なんてやってるうちに上手くなる。「センスだ」とか言ってくるやつの方がどうかしてる。何度も言う、僕は〝バイト上がり〟だ。

……人に届ける以上は心を込めて作る。

これだけで充分、ラジオは作れます。偉そうにもそう思っています。

アフタートーク

まえがきで登場したコントライブを一緒に観に行った友人、chelmicoの鈴木真海子さん。頻繁に我が家に遊びに来てはラジオやお笑いの話をする娘のような妹のような友人……というか家族に近い人物。数々のパーソナリティと対談を終えた感想をいつも話をする我が家で報告した。

chelmico
鈴木真海子
対談
×
宮嵜守史
選択肢の1つとして
ラジオをどうぞ。

鈴木真海子TBSラジオで号泣事件

真海子　中高生のときに自分がラジオにハマったのは人生の中で大きなことで、『JUNK』だと特に『メガネびいき』と『バナナムーン（GOLD）』を聴いてたから、「それを作ったのはヒゲちゃん」という認識でした。「このヒゲちゃんという人がいたから、学生時代の自分が救われたんだ」って考えるようになったんですよ。だから、TBSラジオに初めて行って、『アトロク』★1に出演させてもらったとき、関係者の方に「ヒゲちゃんに会えるかもよ」と言われて「マジか⁉」となったんです。あのとき、ホントに会えたじゃないですか⁉

宮嵜　関係者の方に「chelmicoが今日生出演するので、ぜひ会っていただきたいです」と言われて『アトロク』のスタジオに行こうと思ってエレベーターを降りたら、そこに真海子ちゃんがいたんだよね。

真海子　そう。そのときに突然、私は涙を流すっていう（笑）。泣きながら、「ホントにありがとうございます」って伝えて。

★1『アフター6ジャンクション』。TBSラジオで二〇一八年四月スタート。パーソナリティは宇多丸（RHYMESTER）。真海子が出演したのは二〇一九年八月二十二日。

宮嵜　メチャクチャ覚えてるなあ。

真海子　それこそおぎやはぎやバナナマンに会えたのは嬉しかったし、念願が叶ったんですけど、涙までは流さなかったというか。それだけヒゲちゃんが作った番組に助けてもらった感じがあったので。

宮嵜　出会う前から真海子ちゃんのことはTwitterで知っていて。『メガネびいき』で矢作（兼）さんの「俺が見つけたアーティスト」みたいなノリがあってさ。真海子ちゃんがそれに反応して、「私も見つけられたい」みたいなことをつぶやいていたから、たぶん我慢できなかったんだろうなと（笑）。

真海子　言ってました（笑）。「意味がわからない。なんで見つけてくれないんだろう」って。

宮嵜　それを強烈に覚えている。そのあとに升田（尚宏、アナウンサー）さんがchelmicoのライブに行ったんだよね。

真海子　升田さんが一番早かったのは覚えています。

宮嵜　番組を好きとか、パーソナリティを好きとか、好意的な発言をしてくれる人を見つけると嬉しいんだよね。だからって、SNSで好意的なエピソードにいいねをしたり、アカウントをフォローしたりするのはちょっと照れがあった。だから、その頃は特にアクションをおこさなかったんだけど。今となっては『メガネびいき』に出てくれたり、今度は『バナナムーン』にも出てもらうし、バナナマンライブの音楽も担当するなんてね。勝手に誇らしくてさ。

真海子　こんなに仲良くなるとは思ってなかったです。

宮崎　でも最初に会ったときに、たぶん気が合うんじゃないかって思った。俺は。仲良くなれそうな距離や空気を感じたというか。

真海子　同じ感覚だなっていうのはありますよね。あのときはRachel★2もビックリしてました。私が泣いているところなんか見たことなかったから。

真海子がアフタートークに登場した理由

真海子　私から見たヒゲちゃんがどんな人か、どうやって説明しようか考えていたんですけど、救ってくれた人みたいな感覚が強かったから、最初は仲良くなるなんて思いもし

★2　二人組ラップユニット「chelmico」のメンバー。鈴木真海子（mamiko）の相方。

なかったというか。でも、深夜ラジオの感じが私は好きだから、話を聞いてもらえるだろうなとは思った。最初からお互いに「どこまで仕事の話をしていいんだろう？」みたいな不安はなかったし。

宮嵜 探り合いはあんまりなかったなあ。

真海子 普通にパッと話せるみたいなのが私的に新鮮で。一言ったら十わかるみたいな感覚はあるかな。友人付き合いしてて思うのは、思ってるよりピュアだなって。

宮嵜 俺が？（笑）。

真海子 思っているよりピュアだし、人付き合いは上手いわけじゃないのが前提だけど、上手くできるところもあるって感じかな。ピュアなんだけど、ピュアさ加減を隠せる器用さもあるし。

宮嵜 信頼関係は勝手にあると俺は思ってる。あとラジオのプロデューサーをやっていると知ってくれてるから、前置きなしに話せるっていうのはあるかもしれない。

真海子 シンプルに趣味も合いますし。年齢は離れているけど、普通に友達で、さっきの信頼関係でいうと「言わないでね」とかじゃなく、その前に勝手に「言わないだろうな」って信じられる空気感があるんですよ。それこそヒゲちゃんファミリーもみんな最高だし。

宮寄　こんなに家に来るのは真海子ちゃんくらい。ストレスなく仲良くなれると感覚的に思っちゃったところがあるから、たぶん自分のことを全部話しているかな。

真海子　私も話してますしね。

宮寄　真海子ちゃんとのアフタートークはまえがきに繋がるんだけど、まえがきに登場してくる「友人」が真海子ちゃんなんだよね。最初は「俺なんかが本を出すなんて」って断ってたの。それでも書こうと思った理由はいくつかあるんだけど、強烈なきっかけはあの日だったから。あのとき、あんなに動揺した姿を見せたのがたまたま一緒にいた真海子ちゃんでよかったってホッとした感じもある。ちょっと落ち着きたいから喫煙所に行こうと思ったら、真海子ちゃんが残ってくれてて、話し相手になってくれたのがすごくありがたかった。で、結局本を書かせてもらうことになって、今こうしてわざわざ自宅に来てもらって……。

真海子　いつも来てるんで（笑）。

宮寄　まえがきにも書いたけど、実家に向かうとき、『爆笑問題カーボーイ』を聴いててホントによかったと思った。音楽もいいのかもしれないけど、人の声、しかもバカ話するような深夜ラジオでよかったなと。自然と笑っててさ。こんな状況でもラジオを聴いて声出して笑えるんだと思ったし、自分がやっている仕事って人の役に立ってるのかもってちょっと思ったし。

真海子　気づくのが遅い（笑）。役に立ってますよ。

二人が考える『メガネびいき』と『バナナムーンGOLD』の魅力

宮嵜　自分で書いたエッセイ部分とは別に今回は七組の芸人さんと対談したんだけど、やっぱりそれぞれ特徴があって、おもしろかったね。

真海子　すごい濃い時間になったんですね。

宮嵜　毎回あっと言う間の一時間だった。

真海子　早く読みたい。

宮嵜　その七組に一個だけ共通の質問をしてたの。「なんでラジオは廃れずに今も残っていて、リスナーたちはラジオを選んでくれているのか？」って。難しい質問なんだけどさ。真海子ちゃんはどうですか？

真海子　私はシンプルにラジオは疲れないから聴いてるかも。テレビがメッチャついてる家庭だったし、幼少期はテレビのほうに触れてきてるんです。でも、語弊があるかもしれないですけど、テレビはちょっと疲れちゃうんですよね。

宮嵜　情報量が多いしね。

真海子　どんどん目まぐるしく変わっていくし、なんか「ずっと嘘ついてるじゃん？」って思っちゃったんです。「出ている人たちの意見って全然素じゃないじゃん？」なんていろいろと考えちゃう瞬間があって。テレビの変化に伴って、私の中でラジオの需要がより上がっていったんです。ラジオでのおぎやはぎやバナナマンは裏の小っちゃい部屋で喋っている感じがして嬉しかったし、「やっぱ、こういうことだよな」と思ったからラジオが好きになったので。

宮嵜　ラジオに最初に触れたのはいつ？

真海子　最初は小学生のときに車の中で聴いたピストン西沢さんと秀島史香さんですね。

宮嵜　J-WAVEの『GROOVE LINE』[★3]だ。

真海子　家族の時間だから、車というシチュエーションも好きで、余計に思い出深く残っ

★3　J-WAVEで一九九八年四月～二〇二一年九月に放送。二〇一〇年四月からの七年半は『GROOVE LINE Z』のタイトルだった。パーソナリティはピストン西沢で、秀島史香は二〇〇〇年四月から十年間担当。J-WAVEの午後帯をけん引する人気番組だったが、二十四年半で放送終了を迎えた。

てます。深夜ラジオでいうと、私は『くりぃむしちゅーのオールナイトニッポン』[★4]のPodcastから。一番上のお兄ちゃんのｉＰｏｄをお下がりでもらったら、そこに『くりぃむしちゅーのオールナイトニッポン』のPodcastが入っていたんです。聴いてみたら、メチャクチャおもしろいなと。お兄ちゃんにも報告したら、「『ＪＵＮＫ』聴きな。『メガネびいき』と『バナナムーン』を聴きな」って薦めてきて、聴いたらメチャクチャおもしろいじゃん、みたいな。最高すぎるってなって。

宮崎 途中から聴いても、話の中身はわかったの？

真海子 私はもともとお笑い好きで、おぎやはぎとバナナマンも前から好きだったから、話の内輪ノリがわからなくても、逆にそれがよかったんですよ。「普段の二人はこんな感じなんだ」というのがすごく新鮮で、いい意味でショックだった。それで、「じゃあ、テレビはなに？」ってなったんですよ。

宮崎 なるほど。テレビで振る舞っている姿や言っていることとラジオは違ったんだ。

真海子 ラジオのほうが私の感覚に合うなって思ったんです。テレビと比べてですけど、ホントに素なんだなって思ったから、そっちの好感度が爆上がりでしたね。

宮崎 おぎやはぎとバナナマンのラジオって、それぞれ「ここが好き」みたいなポイン

★4 ニッポン放送で二〇〇五年七月〜二〇〇八年十二月に放送。終了後も人気が続き、二〇一六年以降は定期的に復活特番が放送され、二〇二二年には番組本も刊行された。Podcastでは、オープニングトークが「電話が鳴るまで」のタイトルで配信されていた。

トってあるの？

真海子　おぎやはぎは「聴いても聴かなくてもいい」ってところが好きです。どこを聴き逃しても繋がっているし、おぎやはぎはただそのときのことを言っているだけだから、メチャクチャ今をずっと生きてるんですよ。もちろん前回の続きとかはあったりするけど、お笑い芸人さんのラジオの中で一番どうでもいいラジオ。ずっと親近感があるようでないんですよ。他の芸人さんのラジオだと、友達みたいなメールが来ると、「俺たちは芸能人、お前らは一般人」って一線を引くことがあるけど、おぎやはぎはそういうことをせずに、「おぎやはぎですけど、なにか？」って感じ。カッコいいままずっといい続けてて、でも、どうでもいいとも思わせてくれる存在です。

宮嵜　寄り添ってないし、距離を置いてもないし、おぎやはぎのままなんだよね。

真海子　私は高校のときにあの感覚を求めてたんですよね。親密すぎなくて、面倒くさいこともないおぎやはぎの感じがちょうどいいなって。

宮嵜　おぎやはぎからしたら、歩み寄りたくもないし、突き放したくもないって気分は常にあると思う。自分たちからお迎えにいくのは照れるし、突き放すのもダサいからしたくないというのは、たぶん根っこにあるんじゃないかな。『バナナムーン』はどう？

真海子　私がラジオを聴く前のバナナマンの印象は、テレビには出ているけれど、まだそんなに売れてなくて。設楽（統）さんも今の感じじゃないわけではないけど、あんまり目立たないなあ、でも好きだなあ、みたいな感覚でした。でも、『バナナムーン』を聴いたら、メッチャ弾けていて。おぎやはぎと逆ですね。語弊があるかもしれないけど、ラジオなのにテレビみたいって思ったんです。「こんなに盛り沢山なの？」って感じたし、ラジオでキャラがこんなに立つことってあるんだなって。私が『バナナムーン』の中で好きなのは、リスナーと近いところ。リスナーのメールを一番読む。それがすごい好き。おぎやはぎとメッチャ一緒なんだけど、メッチャ違うんですよね。

宮嵜　『バナナムーン』が距離を近く感じるのは、今回対談して改めて思った。

真海子　近いんだよなあ。特に設楽さんは一見距離を置きそうな感じがするけど。そうか、バナナマンは二人ともラジオが好きなんだなって伝わってくるから好きなのかも。感覚として、メッチャここを大事にしてるんだっていうのがあるから、聴いていてすごい嬉しくて。この〝秘密基地のリーダー〟をずっとやってくれるし。

宮嵜　わかる。

真海子　どれだけ売れても、どれだけいろんな仕事をしてても変わらない。勝手なこっちの印象だけど「変わってしまうもの」として見てたけど、変わらないから嬉しいなって思います。おぎやはぎも絶対変わらないけど。

宮嵜 ちょうど昨日バナナマンと対談してきて、俺もラジオのバナナマンの良さはなにかなって考えたんだけど、二人とも素っ裸なんだなって思った。あんまり壁を作らないから、聴いている人が自分の友達だとか、知り合いや近所の人みたいに感じるんだろうなって。『JUNK』で『バナナムーン』だけなのよ。リスナーから季節ごとに野菜や果物が届くのってさ。

真海子 最高（笑）。

宮嵜 結局、対談でもそこに行き着いたわけ。聴いている人もどこかで自分の身近に感じる存在というか。だけど、ラジオを取っ払うと、全然普通にタレントさんじゃん？

真海子 ちゃんと芸能人ですよね。

宮嵜 そこが不思議だなと思って。そこがラジオマジックなのかなとも思うし。

真海子 触れ合えるのもラジオが一番近いんですよね。ファンレターを送っても読んでくれてるかわからないけど、ラジオにメールを送ったら読んでくれるって思うし。そういうのがやっぱりいいんだよなあ。私の場合、iPhoneに何個もアプリがあっても、絶対にradikoを開くのは変わらない。

宮崎　最初の質問に繋がるね。

真海子　シンプルに、ながら聴きできるというのはまずありますけどね。「ラジオが好きだから」って話になってきちゃうかもしれない。映画が好きな人はスマホでもNetflixとかを開きますもんね。

宮嵜　でも、不思議とNetflixを普段開いている人にラジオを聴いてほしいとも思わないの。理想中の理想は、全ての人に聴いてもらって、聴いた人全てがおもしろいっていう状態なんだろうけど、そんなもの絶対無理だったりする。ラジオに触れてくれる人、その中からおもしろいと思ってくれる人、そういう人たちが聴いてくれて、ラジオの仕事が存続できる状態で充分で。世の中におけるラジオの寸法を勘違いすると、ラジオの存在意義は変わってきちゃうなと思って。

真海子　ヒゲちゃんはリスナーがラジオを聴いてる理由はどんな風に考えてるんですか？

宮嵜　俺は、ラジオって人を聴くものだなと思って。トークとか、情報とかもあるけど、人に興味があるから、まずその人に興味を持てないとあんまり意味がないというか。佐久間（宣行）さんの『オールナイトニッポン0』[★5]を毎週聴いてるんだけど、佐久間さん

★5 ニッポン放送で二〇一九年四月からスタート。番組開始時、佐久間はテレビ東京の社員で、異例のパーソナリティ就任だった。

に興味があるから聴くし。向井（慧）君のラジオを聴いてるのも、向井君に興味があるから聴いてるんだろうって。そこで完結しちゃうというか。その人が何を話そうと、何が起きてどんな企画にしようと、実はそんなに関係なくて。

真海子　わかるわあ、それ。その人に興味があるんですよね。その人が好きなんですよ。

宮嵜　好きにならないまでも、多少の前向きな興味があるかないかで、結構変わってくるなと思って。神田伯山さんや武田砂鉄さんの番組も聴いてるんだけど、やっぱり単純に興味があるの。だから、毎週番組を聴いちゃうし、聴くと「この人すごいな」と思うこともあるし、制作者としては「一緒に仕事してみたいな」と思うこともある。それって結局この人に興味があるかないかで聴くかどうかを決めてるなって感じた。

真海子　ラジオは人間性ですね。友達になりたいかどうか、みたいなことかもしれない。

七つの対談から考える「なぜラジオなのか？」

真海子　対談した皆さんはさっきの質問になんて言ってたんですか？

★6『問わず語りの神田伯山』はTBSラジオで二〇一七年四月スタート。武田砂鉄の『アシタノカレッジ』はTBSラジオで二〇二〇年九月スタート。月〜金曜日に放送されており、武田は金曜日担当。

宮嵜　向井君は「喫茶店の隣の席の会話の最強おもしろいバージョンが聴ける」って言ってたね。

真海子　喫茶店の隣の席って感覚はわかる。ラジオってホントに自意識過剰な人が聴くんですよね。自分がどう思われてるかを気にして、他の人のこともすごい見てるから、人の話を聴きたくなるし、自分の話も聴かれてるんじゃないかって感覚になるのかなって。だから、電車の中でも「この声大きいかな？」とか、喫茶店でも「これぐらいの声で話そう」とか思ったりするのかも。自意識過剰の集まりだと思います。

宮嵜　わかるなあ。

真海子　だから、より結束が生まれるんですよね。「お前もそうだよな？」って。

宮嵜　アルコ&ピースの平子（祐希）君は「頭の中で何かを描きながら聴ける、そういう能力を持った選ばれし者のメディアの可能性もある」だって。

真海子　これはアルピーならではの感想ですね。ファンタジーな世界観があるから。たしかに想像力が必要なことをやっている人のラジオ観だなあ。おもしろい。ホントにそれぞれ違うなあ。

宮嵜　酒井（健太）君は「大人がおちんちんって言える媒体」だと。「いつラジオもダメになるかわからないですけど、最後に残されたおちんちんメディア」「まだなんとなく緩くて、何が起こるかわからないと思わせてくれる媒体」と話してくれたよ。

真海子 ラジオスターの感想ですね（笑）。たしかに最後の砦感があります。

宮嵜 アルピーの〝とにかく俺らと感性同じヤツ集まれ〟っていう意識は、番組を聴いてても思う。アルピーと対談しながら思ったのは、アルピーってゲラゲラ笑うときに思い浮かべる絵図が、平子君と酒井君と作家の福田（卓也）君で同じなんだよね。

真海子 たしかに。創作の作風が似てるんですよね。

宮嵜 そうそう。情景引っ張り力が強い。あとは、コンビに加えて作家の福田君の三人とでバッチリ共通言語と共通認識があるから、あれだけ自分たちで言って、自分たちで笑っているんだと思う。

真海子 そう思うと、アルピーは学生の中でもオタク寄りの空気ですよね。誰かを見てるんじゃなくて、自分たちでおもしろを作っていく。

宮嵜 だから、リスナーへのアプローチの仕方がまたちょっと独特というか。

真海子 おもしろいなあ。

宮嵜 矢作さんは「他のメディアのクオリティが上がれば上がるほど、耳だけのラジオが逆に重宝される。世の中が進化すればするほどラジオが際立ってくる」と言ってる。「この先、どんなに目で見るコンテンツがすごくなったところで、絶対耳だけで聴くものが必要だ」と。これはツールとしての現実的な意見だよね。

真海子　災害のときもそうですもんね。合理的だし、効率的な人なんだなと。

宮嵜　小木（博明）さんは「耳だけっていいんだよね。疲れないいんだよ。耳だけだと安心する」だって。最初に真海子ちゃんが言っていた意見だよね。

真海子　やっぱり小木さん好きだわ。安心だし、疲れない。耳それだけってことがいいんですよ。

宮嵜　迂闊に聴き逃せるところもあるっていうかさ。日村（勇紀）さんは「テレビの人気者が『今日こんなことやってました』って裏側を話してくれるのはおもしろいんですよね。そこではその人の変な部分とか、生々しい部分がいっぱい聴けるから」と言ってた。その人に興味を持ったときに、もっと奥や、もっと裏が知れるおもしろさがあると。

真海子　ギャップみたいなこともありますしね。日村さんはホントに人間を見る感じなんだなあ。

宮嵜　設楽さんは「ラジオで喋るというのが普遍的」だと。「お笑いも何がおもしろいかは普遍的で、コントだったり、漫才だったり、トークだったり、アプローチの形が違うだけ」で、「人の娯楽って、歌うとか、踊るとか、笑うとか、そのベースは変わらない」から、ラジオもなくならないんじゃないかって。体系的であり宇宙からの目線というか。

真海子 ホントに娯楽全体を一つとして捉えてるんですね。なるほどなあ。メッチャすごいわ。

宮嵜 視野が広くて引いた位置からの視点だよね。

真海子 これはまさに設楽さんですね。設楽さんの感想です。

宮嵜 他の人たちも興味深い意見を聞かせてくれたんだけど、みんなバラバラというか。

真海子 マジでそれぞれですね。こんなにみんなのラジオ観を聞けると思ってなかった。でも、設楽さんの考えがビックリしたな。

宮嵜 聞いたときにハッと思った。他の人たちはラジオの特徴や特性を考えてたけど、設楽さんってそんな細かいことじゃなく、地球規模で考えている感じでさ。人に娯楽への欲求がある以上、ラジオは終わらないってことを言っているんだろうなと。さすがカイザー[★7]だなと思ったよ。

★7 『バナナマンのバナナムーンGOLD』における設楽の愛称で、皇帝を意味する。オークラが命名。設楽さんを作ったら、トップで楽率いるおさむ軍団ある設楽の呼び名は何がいいか考えて、名付けられた。

真海子　カイザーだなあ。大きくてポジティブな人ですね。私はもっと細かいことを見ちゃうなあ。

宮嵜　ラジオの良さを伝えたいと思って本を書き始めたけど、テレビも映画もマンガもネットもゲームもおもしろい。他と比較するんじゃなくて、ラジオじゃなきゃできないことを考えたほうがいいなって本を作っていく過程で今まで以上に思うようになった。タイトルも最初に考えた『なぜラジオなのか？』がベストだと思ってたんだけど、硬いかなと感じるようになって。

真海子　たしかに『なぜラジオなのか？』も好きだけど、こうやってみんなのラジオ観を聞いて、ヒゲちゃんと話してきて、もっとラフでよかったんだなって思った。

宮嵜　『ラジオじゃないと届かない』も「ラジオじゃないと届かない〝こともある〟」とか、「ラジオじゃないと届かない〝ものがある〟」とか、そういう意味合いなんじゃないかなって。他のメディアと比較して、ラジオが優れているとか上だとかじゃなく。

真海子　「選択肢の一つとしてラジオをどうぞ」って伝えたいもんね。

宮嵜　ホントにそう。「お気に召せば」って。

あとがき

二〇二三年二月。二十周年を記念してＪＵＮＫのイベントを開催した。目的はリスナーへの感謝。それに尽きるんだけど、番組を続けるための放送外収入を得る意図もあった。きれいごと抜きで。五組のパーソナリティそれぞれと話し合った結果、「ＪＵＮＫのため」「リスナーのため」と全員賛同してくれた。

イベントの後は締めくくりとしてＪＵＮＫメンバー全員で特番を放送した。ラジオ番組の周年記念なのだから、最後はいつも通り無料で聴けるラジオにしたかった。上手にやれば特番だって商売にできた。動画に収めて有料配信したり、Podcast化していつでも聴ける状態にしたり。だけどイベントとグッズでマネタイズは十分。聴く人、喋る人、作る人、みんなにとって一期一会。そんな〝いつも通り〟を提供したかった。

今、ラジオはYouTubeやPodcastに形を変えて複合的に楽しめるようになっている。そうして生き残りをかけている。放送と配信の境目がなくなり、既にタイムテーブルはあってないようなものだ。いつでもどこでも何度でも、好きなときに好きなだけ触れられる。それが是だとも思う。

伊集院光、爆笑問題、山里亮太、おぎやはぎ、バナナマン。ＪＵＮＫを担う八名のパーソナリティが大集合して深夜に二時間、ラジオの生放送をして終わり。時代と逆行する所業だ。ラジオに重きを置くメンバーだからこそ、ラジオという場所だからこそ提供できた贅沢な時間でもある。そこにラジオの潔さや儚さ、はたまた価値や尊さのような何かを感じてくれたリスナーが一人でもいたら……。

これからラジオの未来はどうなるんだろう?

時々思う。番組制作の立場からすると、ラジオ番組のクオリティはどうなっちゃうのか。YouTubeは視聴者のニーズに適応し、それまでのテレビとは一変した動画の作り方を確立した。クオリティはテレビがやってきた動画作りの基準からすれば低いのかもしれない。だけど高い低いじゃなくて新しいクオリティの基準や尺度を作ったんだと僕は考える。

ラジオもこれまでの常識を覆すような制作手法が生まれるかもしれない。楽しみでもあり恐怖でもある。見つけてみたいとも思う。変化は不可欠であり不可避。でも、ラジオが元来持つあたたかさを大切に、ラジオじゃないと届かないものは何なのか、頭の片隅にずっと置きながら仕事を続けたい。

テレビもラジオもネットもおもしろい。今、楽しみは無限にある。

僕にとっても、ラジオは無限にある楽しみの一つです。
ただ、他の楽しみとちょっと違って特別なのは、ずっと僕の居場所であったこと。

楽しくて夢中になれる場所。
エキサイティングで刺激的な場所。
安心していられる場所。

ラジオに限らず、そんな場所が父にもあれば、ひょっとしたら……。そんな思いがこの本を書かせていただくきっかけとなりました。
僕があの夜、関越自動車道でラジオに救われたように、ラジオが、どこかの誰かのちょっとした支えになっていたら嬉しいです。

二〇二三年三月吉日

宮嵜守史

宮嵜守史

みやざき・もりふみ

1976年7月19日生まれ。群馬県草津町出身。ラジオディレクター／プロデューサー。TBSグロウディア イベントラジオ事業本部 ラジオ制作部 所属。TBSラジオ「JUNK」統括プロデューサー。担当番組「伊集院光 深夜の馬鹿力」「爆笑問題カーボーイ」「山里亮太の不毛な議論」「おぎやはぎのメガネびいき」「バナナマンのバナナムーンGOLD」「アルコ&ピース D.C.GARAGE」「ハライチのターン!」「マイナビ Laughter Night」「ハライチ岩井 ダイナミックなターン!」「綾小路翔 俺達には土曜日しかない」。YouTubeチャンネル「矢作とアイクの英会話」「岩場の女」ディレクター。

本書は書き下ろしです。

ラジオじゃないと届かない

装画　unpis
装丁　木庭貴信
角倉織音（オクターヴ）
編集協力　村上謙三久
Special Thanks
ワシントン
ゴリラがストライキ
ていすと

2023年3月20日　第1刷発行
2023年4月12日　第2刷

著　者　宮嵜守史
発行者　千葉 均
編　集　辻 敦
発行所　株式会社 ポプラ社
〒102-8519
東京都千代田区麹町4-2-6
一般書ホームページ
www.webasta.jp
組版・校閲　株式会社鷗来堂
印刷・製本　中央精版印刷株式会社

Printed in Japan N.D.C.914／383P
19cm　ISBN978-4-591-17483-8

P8008400